基于卷积神经网络的
皮肤镜图像分析

谢凤英　郑钰山　著

北京航空航天大学出版社

内 容 简 介

本书系统地介绍深度学习背景下，基于卷积神经网络的皮肤镜图像分析基础理论和关键技术，注重涵盖当前流行的最新方法，同时重视工程实现。全书共分5章，包括皮肤镜成像与处理发展概述，基于卷积神经网络的深度学习基本方法，以及基于卷积神经网络的皮肤镜图像分割、分类、检索等关键技术和前沿方法。全书的理论基础深浅适中，书中所用的图像分析实例来自于作者所在课题组的实际科研案例。通过本书的学习，读者可以掌握卷积神经网络的基础理论、基于卷积神经网络的皮肤镜图像分析方法，熟悉皮肤镜图像计算机辅助诊断领域的前沿发展动态。

本书是对基于卷积神经网络的皮肤镜图像分析方法的总结，书中所用到的黄色人种皮肤镜图像数据集由北京协和医院提供，所用到的白色人种皮肤镜图像部分来自 https://b0112-web.k.hosei.ac.jp/DermoPerl/ 以及公开数据集 ISBI 2017。在后续章节中讲到的部分方法，也是来自于北京航空航天大学与北京协和医院的一些实际合作。本书内容是卷积神经网络技术在皮肤镜图像计算机辅助诊断中的应用，因此阅读本书的读者应该具有一定的图像处理和卷积神经网络等方面的理论基础。

图书在版编目（CIP）数据

基于卷积神经网络的皮肤镜图像分析 / 谢凤英，郑钰山著. -- 北京 ：北京航空航天大学出版社，2022.8

ISBN 978 - 7 - 5124 - 3857 - 6

Ⅰ. ①基… Ⅱ. ①谢… ②郑… Ⅲ. ①人工神经网络－应用－皮肤病－镜检－数字图像处理 Ⅳ. ①TP391.413

中国版本图书馆 CIP 数据核字(2022)第 137247 号

基于卷积神经网络的皮肤镜图像分析
谢凤英　郑钰山　著
策划编辑、责任编辑　蔡　喆
*
北京航空航天大学出版社出版发行
北京市海淀区学院路 37 号（邮编 100191）　http://www.buaapress.com.cn
发行部电话：(010)82317024　传真：(010)82328026
读者信箱：goodtextbook@126.com　邮购电话：(010)82316936
北京凌奇印刷有限责任公司印装　各地书店经销
*
开本：710×1 000　1/16　印张：9.25　字数：197 千字
2022 年 9 月第 1 版　2022 年 9 月第 1 次印刷
ISBN 978 - 7 - 5124 - 3857 - 6　定价：39.00 元

近年来,深度学习方法在图像处理领域发展迅速,卷积神经网络作为深度学习领域的主要模型,已在医学图像处理与识别多个方向发挥了支柱作用,其中就包括皮肤镜图像处理与识别方向。皮肤镜能够观察活体皮肤表面以下微细结构和色素,是皮肤疾病临床诊断的有效工具。采用卷积神经网络理论研究皮肤镜图像的分析方法是当前皮肤疾病计算机辅助诊断领域的研究热点。

在这一背景下,研究者们开展了大量的基于卷积神经网络的皮肤镜图像分析研究,取得了突出进展,我们决心以此为基础,撰写本书。书中内容既是对作者所在课题组近年来的最新研究成果的收录,也是对皮肤镜图像处理领域最新研究动态的反映。

本书以数字图像处理和深度学习理论为基础,介绍基于卷积神经网络的皮肤镜图像分析与识别的关键技术,包括基于卷积神经网络皮肤镜图像分割、分类、检索等。书中的内容安排注重图像处理、深度学习基础理论与皮肤镜图像诊断实际应用的紧密结合,力求做到基础理论系统、研究算法先进、内容前后贯穿统一。本书作者多年来一直从事数字图像处理教学和皮肤镜图像分析相关的科研工作,书中的各种实例分析来源于作者所在实验室的科研实践和课题研究。全书经过精心组织,有利于该领域的科学工作者及工程开发人员学习和参考。

本书由北京航空航天大学宇航学院图像处理中心的谢凤英和北京航空航天大学医学科学与工程学院郑钰山编写。本书所涉及的部分研究方法以及用到的部分图表来自于作者与北京协和医院的刘洁教授的合作论文,在这些研究工作中,刘洁教授都提供了无私的帮助和大力的支持,在此向刘洁教授表示特别感谢。感谢北京航空航天大学图像处理中心的邱林伟、杨怡光、丁海东、张漪澜、王可等同学，他们为本书的编写做了大量的工作。同时，在编写本书的过程中参考了大量国内外书籍和论文，对本书中所引用书籍和论文的作者深表感谢。

由于作者水平有限，书中难免不当之处，敬请读者批评指正。

作　者

2022 年 8 月

第 1 章

概　述

卷积神经网络(convolutional neural networks，CNN)是一类包含卷积计算且具有深度结构的前馈神经网络，是深度学习(deep learning)的代表算法之一。1959年，Hubel & Wiesel 发现了大脑视觉系统、信息处理的分级架构，卷积神经网络因此而受生物自然视觉认知机制启发而来。对卷积神经网络真正的研究始于 20 世纪 90年代，由 Lecun 等人[1]设计了卷积网络并将其应用于手写数字识别中，但卷积神经网络技术并没有取得研究人员的足够重视。受限于数据量与计算能力，卷积神经网络在 2012 年[2]后，才逐渐成为了学者们的研究热点。自此，随着深度学习理论的提出和数值计算设备的改进，卷积神经网络得到了快速发展，并被广泛应用于计算机视觉、自然语言处理等重要研究领域。

2016 年，深层残差结构的卷积网络被用于皮肤镜图像黑色素瘤的识别，获得了比传统分类器更高的识别准确率[3]。2017 年，斯坦福大学将卷积神经网络用于多种皮肤疾病的分类，分类准确率超过了专业医师的平均水平[4]。此后，基于卷积神经网络的皮肤镜图像分析方法不断被提出，成为当前皮肤镜图像计算机辅助诊断领域的研究热点，也推动了皮肤疾病计算机辅助诊断技术的发展。

本章介绍皮肤镜图像自动分析系统及其关键技术，介绍基于卷积神经网络的皮肤镜图像分析方法，使读者了解当前皮肤镜图像分析领域的前沿发展动态。

1.1 皮肤镜图像分析

1.1.1 皮肤镜技术

皮肤镜是一种观察活体皮肤表面以下微细结构和色素的无创性显微图像分析技术。它可以观察到表皮下部、乳头层和真皮层等肉眼不可见的影像结构与特征，这些特征与皮肤组织病理学的变化有着特殊和相对明确的对应关系，而这些对应关系确定了皮肤镜诊断的敏感度、特异性和临床意义。既往对色素性皮损主要依赖医生肉眼诊断，大多数都较盲目地进行手术活检或直接外科手术切除，造成很多不必要的创伤。在没有确切诊断良性或恶性肿瘤之前，手术范围较难确定，对于多发色素性皮损很难做到逐一活检，更严重的是恶性肿瘤活检易发生淋巴和血行转移，或因手术范围小而复发，这些无疑会影响预后和增加死亡率[5,6]。皮肤镜可以区分色素或非色素性皮损，对可疑皮损进行病理活检，或对较大皮损的可疑点进行定位，保证了手术切除部位的准确性，减少了盲目病理活检的切除率，因此可以作为临床上诸多疾病的筛选和诊断的有效工具。

皮肤显微镜学是 1655 年德国 Borrelus 首先提出的。1991 年 Friedman 等针对这项技术首先引用了"dermoscopy"这个术语。在皮肤镜图像观察过程中，如何处理好一些与光学特性有关的因素,如与皮肤表面光的反射系数、表皮和真皮的光吸收系数,以及皮肤各层的光散射系数与厚度等问题,是直接关系到能否有效地观察皮肤形态结构与特征的关键。皮肤镜观察分为浸润法和偏振法。皮肤镜浸润法在使用中首先向皮损表面滴加油脂等浸润液,然后用玻片将皮肤压平,以增加皮肤的透光性,在普通光源照明下,借助特定放大镜观察到肉眼看不见的皮损形态特征。皮肤镜偏振法无须浸润液,镜片不直接接触皮肤即可观察到表皮以下的图像。以上两种方法均能有效地排除皮肤表面反射光的干扰,可直接从水平面对皮肤表面进行二维图像观察。

早期的皮肤镜受当时技术发展的限制,大多采用CCD模拟信号,线性差、分辨率低,采用普通光源照明,会出现靶目标光照强度不稳定、不均匀、光斑等现象,作为皮损形态观察尚可,但由于图像质量不高而直接影响皮肤肿瘤边界的分割,同时影响颜色与多项几何参数的精确测量。另外,在皮肤表面滴加的浸润液或有机溶液作为介质直接接触患者皮肤,这些介质多数有异味,对皮损和口、眼黏膜等周边病灶有较强的刺激性,容易引起接触性皮炎、医源性感染等。2001年,美国加州的医疗器械生产商3Gen研发出了首台偏振光皮肤镜,使得在不使用浸润液的条件下皮肤结构同样清晰可见,并逐渐成为当前皮肤镜诊断技术的主要手段。图1-1给出了3种不同款式的皮肤镜,皮肤镜偏振法观察皮肤各层的模式如图1-2所示[7]。

(a) 早期的皮肤镜   (b) 偏振光皮肤镜   (c) 偏振光和浸润式双重模式皮肤镜

图1-1   3种款式手持皮肤镜

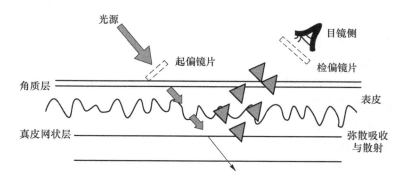

图1-2   皮肤镜偏振法观察皮肤各层的模式

1.1.2　皮肤镜图像分析系统

皮肤镜图像计算机辅助诊断系统如图 1 - 3 所示[8]。医生用皮肤镜采集患者皮损图像进入计算机系统,即可采用专门的图像处理技术来分析皮损的性质。

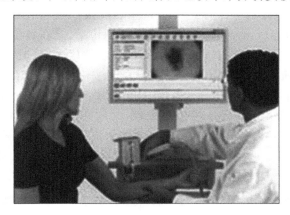

图 1 - 3　皮肤镜图像计算机辅助诊断系统

在各种皮肤疾病中,恶性黑色素瘤是皮肤首位致死性疾病,也是研究者关注最多的一种皮肤恶性肿瘤。从 1987 年开始,许多皮肤恶性黑色素瘤临床诊断的方法相继被提出[9,10,11],如模式分析法、Menzies 法、7 点检测法、ABCD 准则（asymmetry、borders、colors、different structural components）、CASH 法等,然而诊断的难度和主观性仍很大,即使训练有素的专家的诊断也存在较大的差异。皮肤镜图像计算机辅助诊断系统是解决这个问题的有效途径,它可以对病变组织自动提取、智能识别,具有定量测量和定量分析的功能,使诊断更加精确、客观、一致。软件在定量分析结束后自动生成并打印分析诊断结果,便于医生及时做出诊断,为医生及时正确地发现和诊断病灶提供了极大的便利,从而大幅提高了皮损的早期诊断率。

早期的皮肤镜图像计算机辅助诊断系统是基于单机的。1987 年,Cascinelli 等人[12]第一次把皮肤镜技术应用于皮肤恶性黑色素瘤的临床诊断中。1993 年,Thomas 等[13]根据临床恶性黑色素瘤早期诊断 ABCD 准则,提出了基于颜色和纹理的黑色素瘤分类的具体方法,并且在一台 DEC 5000/200 工作站上用 FORTRAN 语言编程实现了这一方法,该方法与组织病理学的诊断结果相结合,诊断准确率由75％提高到了 92％左右。1994 年,Sober[14]将计算机数字图像分析和电子皮肤镜两种方法结合起来,并在世界卫生组织黑色素瘤研究中心的有经验专家指导下应用于临床,使恶性黑色素瘤的早期诊断准确率提高到 90％。随着 IT 业的发展,皮肤镜技术开始向网络平台发展。2005 年,日本法政大学的 H. Iyatomi 等人建立了第一个基于互联网的皮肤病过程诊断系统,如图 1 - 4 所示,并尝试使用手持相机代替皮肤镜采集图像,使得普通的皮肤病采集和诊断工作可以在任何时间由病人在家中自主完成。2010 年,美国 McGraw. Hill 公司[15]率先在苹果手机应用市场中推出"皮肤镜自测指引详解"应用,其实质是将皮肤病诊断相关知识的电子出版物与网络医疗资源信息相结合。2011 年,德国 FotoFinder 公司在德国杜塞尔多夫国际医疗设备展览会上展示了皮肤癌早期检测的发展方向,并推出世界上首台移动互联网皮肤镜 Handyscope[16],这也是第一台基于 iPhone 平台的皮肤癌检查移动设备,如图 1 - 5 所示。2011 年 5 月,Handyscope 在欧洲和美国上市后,又在首尔召开的世界皮肤科大会上被推向亚洲市场。Handyscope 可提供皮肤的放大、偏振视图,重要细节一目了然,医生可远程检查皮肤,在屏幕上对皮肤肿瘤进行评估。与传统的手持皮肤镜检查不同,Handyscope 设备与 iPhone 连接,可直接放在患者皮肤上采集肿瘤的高分辨率图像,在受到密码保护的 App 中进行处理,并能够展示给患者。2017 年,美国斯坦福大学人工智能实验室[4]采用深度学习方法对皮损进行分类,在 3 分类和 9 分类任务上分别取得了 72.1% 和 55.4% 的分类精度,该结果超过了专业医师的平均诊断水平。

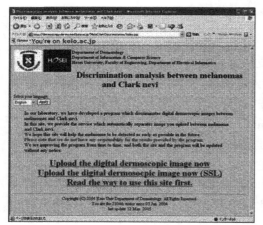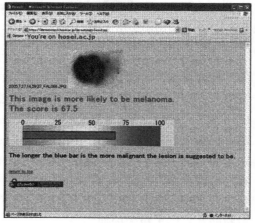

图 1 - 4　H. Iyatomi 等人建立的皮肤病远程诊断系统

由于黄色人种与白色人种的肤色差异,两者的皮肤镜图像也存在很大不同,因此针对白色人种的皮肤镜图像辅助诊断方法往往不能直接应用于黄色人种皮肤图像,因此国内的研究者开始关注黄色人种的皮肤镜图像辅助诊断。2007 年,北京航空航天大学联合解放军空军总医院在国内开展黄色人种皮肤镜图像自动分析诊断技术的研究,搭建了基于传统机器学习的皮肤镜图像计算机辅助诊断系统。2017 年,北京航空航天大学与北京协和医院皮肤科针对黄色人种皮肤镜图像数据搭建了基于深度学习的自动分类系统[17]。

(a) 皮肤镜与手机相连

(b) 采集皮肤肿瘤图像

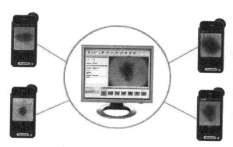
(c) 通过无线网络上传给图像分析系统

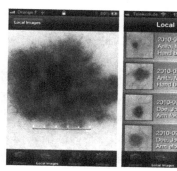
(d) 分析诊断系统

图 1-5 Handyscope 移动皮肤镜架构说明

1.2 皮肤镜图像分析的关键技术

皮肤镜图像辅助诊断和分析系统一般包括皮肤镜图像的质量评价、预处理图像增强、分割、皮损目标特征提取和分类,以及皮损图像的检索等关键技术,对于皮肤镜图像分析的方法研究也主要集中在这几个方面。

1.2.1 质量评价

采集到的图像质量过低的时候(如毛发过于粗密、图像有严重的模糊和光照不均等),图像已经失去了预处理的价值,即使经过预处理过程也很难得到质量合格的图像,正确的图像分割和分析诊断也就无法保证。由此,可以对采集到的图像先进行质量评价,对于质量不合格的图像,可反馈给用户并要求重新采集,只有那些质量合格或者质量稍差但并不严重的图像,才可以进入后续环节的处理。

采用皮肤镜对皮肤图像进行采集时,每个人的皮肤颜色纹理不同,病变类型不同,不可能获得每一幅采集图像的无失真参考图像,因此需要无参考的评价方法。影响皮肤镜图像质量的因素主要包括毛发遮挡、模糊和光照不均等因素。影响皮肤镜图像质量的因素不止一种,这些质量问题有可能单独存在,也可能同时存在于同一张图像。当多种因素混合存在时,各种因素之间不但相互影响,而且对图像的整体质量也会产生影响。因此,不但要考虑单因素影响下的质量问题,还要考虑多种因素混合存在时的综合质量问题。北京航空航天大学图像中心 2012 年开始对皮肤镜图像的质量评价进行研究,采用先检测毛发目标,再根据毛发的分布特性对毛发遮挡的程度进行评价,采用基于 Retinex 的变分模型估计光照成分,并用光照梯度对光照不均进行评价;而对于模糊失真,则在小波域提取特征并对失真等级进行量化。

1.2.2　预处理技术

皮损图像经常受皮肤纹理及毛发等外界因素的影响而给边界检测带来困难,须用预处理技术来平滑掉这些噪声,以提高分割的准确度。例如,Taouil[18] 采用形态学 Top‐hat 滤波器对图像进行预处理,滤除噪声并突出目标的边界信息,提高后续 Snake 方法对皮损目标分割的准确性;Tanaka[19] 和 Lee[20] 用中值滤波器来平滑噪声并保持一定的结构和细节信息。以上方法对于非毛发噪声的去除具有优势,且在大多数情况下能够提高分割算法的准确性,但对于存在毛发的情况,尤其是比较粗黑的毛发,却不能得到满意的分割结果。人体毛发在皮肤镜图像采集过程中不可避免,如图 1‐6 所示[21]。临床应用中,毛发噪声的存在会影响分割的精度,也会影响皮损特征的抽取,从而导致分析测量的不准确,影响诊断结果。因此,毛发去除是皮肤镜图像预处理中最主要的一个任务。尽管图像处理技术在皮肤病学方面发展迅速,但是皮肤图像上有关毛发问题的研究并不深入。虽然可以在图像采集前刮掉毛发,但该方法既费时又增加了额外支出,而且对全身皮损成像也是不现实的。用软件方法处理毛发问题可以有不同的方式。Lee[22] 采用基于形态学闭运算从图像中提取出毛发,并用毛发周围的像素信息对毛发区域进行填充,从而将毛发从图像中移除,笔者在 2009 年提出了用于描述条带状连通区域的延伸性函数,以此特征函数作为提取毛发目标的测度,并采用基于偏微分方程的图像修复技术进行被遮挡信息的修复,取得了满意的效果[23]。

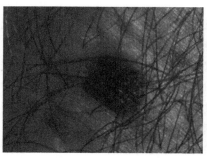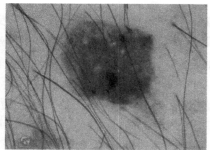

图 1‐6　带有毛发噪声的皮肤镜图像

人体骨骼不是一个平面,而且皮肤和肌肉是有弹性的,因此用皮肤镜采集皮损图像时,经常会有外界的自然光进入皮肤镜,造成图像的光照不均。模糊是皮肤镜图像中的另一类常见失真,采集图像时的抖动及镜头不聚焦等都会造成模糊。北京航空航天大学图像中心课题组采用基于 Retinex 的变分模型对光照失真进行恢复[24],并且采用维纳滤波方法对轻度的模糊图像进行复原[25],均取得了较为满意的效果。

1.2.3　皮肤镜图像分割

图像分割是图像分析和模式识别的首要问题,也是图像处理的经典难题之一,是图像分析和模式识别系统的重要组成部分,并决定图像的最终分析质量和模式识别的判别结果。因此,皮肤镜图像的自动分割是自动分析皮损图像的关键。

皮肤病变组织会发生在身体的各个部位,皮损内部经常会有多种纹理模式并存的现象,而且图像中不同模式间交界不明显,颜色特征也有很大不同,如图 1-7 所示[21]。总体而言,皮肤镜图像主要有以下特点。

(1)皮损和周围皮肤对比度比较低。

(2)皮损的形状不规则,而且边界模糊。

(3)皮损内部颜色多样。

(4)皮肤存在纹理且图像中存在毛发。

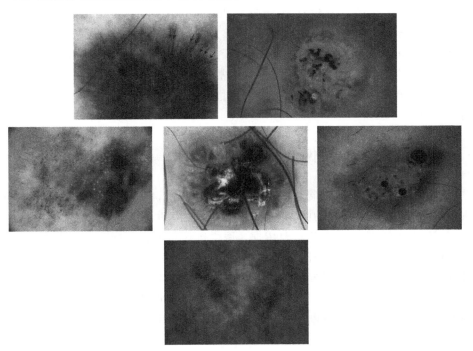

图 1-7　皮损图像纹理和颜色的多样性

　　而对于医生的临床诊断,往往纹理、颜色的细微变化及过渡区域的大小都是诊断的重要依据,以上情况大大增加了分割的复杂性。因此,正确分割皮肤镜图像是一项非常具有挑战性的工作。

1.2.4　皮损目标的特征描述和分类识别

　　图像经过分割后得到皮损目标,为了让计算机有效地识别这些目标,必须对目标区域内部、目标边界、目标与皮肤背景之间的对比等进行描述。对皮损图像进行有效的特征描述是目标成功分类和识别的关键。早期的皮损特征自动提取和描述方法主要依据皮损的临床诊断指征来进行。例如,恶性黑色素瘤通常临床表现为皮损区域不对称、边界处皮损模式变化剧烈、皮损内部颜色多样、皮损内部包含不同的结构组件等指征,早期皮肤镜图像辅助诊断文献中对于皮肤镜黑色素瘤图像的特征提取方法主要包括颜色矩、灰度共生矩阵、目标形状对称性等,这些自动提取的特征与皮肤黑色素瘤的临床指征具有一定的对应关系,是可解释的特征。随着深度学习的发展,对于皮损图像的分析任务可以端到端的完成,对于皮损目标的特征描述也比较多地通过深度卷积网络隐式地提取,这类基于深度学习的特征与临床指征之间通常不具有直接的对应关系,是不可解释的高级特征。

　　将所提取的皮损特征输入分类器,即可实现皮损目标的分类识别。早期用于皮损目标分类的分类器主要包括支持向量机(Support Vector Machine,SVM)、BP(Back Propagation)网络、决策树、Adaboost 方法等,这类分类器通常不需要大规模的训练数据,泛化能力不强。最近几年,基于深度卷积网络的皮肤镜图像分类方法占据了皮肤图像辅助诊断的领域,这类方法通常将特征提取和分类融为一体,端到端完成分类,由于能够从大规模数据集中学习到目标的高级语义特征,因此分类性能也好于传统的分类方法。

1.2.5　皮肤镜图像的检索

　　随着医学成像技术的发展和医院信息网络的普及,医院每天会产生大量的包含病人生理、病理和解剖信息的医学图像,这些图像是医生进行临床诊断、病情跟踪、手术计划、预后研究、鉴别诊断的重要依据。医学图像检索在临床和科研中都将发挥重要的作用。在临床诊断中,当医生遇到难确诊的病症时,利用图像检索这一功能,在患者数字图书馆或医学图像知识库中找出相似图像,这些已确诊的病例可为医生诊断、治疗或手术等提供进一步参考,对于无经验的实习医生或经验少的医师,医学图像检索的结果能给他们的诊断提供辅助的建议。医学图像检索能够辅助医生做出更精确的诊断结果。近些年来,该领域学者针对皮损图像提出了相应的检索模型,为皮肤镜图像分析的进一步发展开辟了新的方向。

1.3 基于卷积神经网络的皮肤镜图像分析方法

卷积神经网络(convolutional neural network, CNN)是适用于数字图像处理的神经网络推理模型,也是当下深度学习领域的基本模型。区别于基于经验主义的人工特征构建的皮肤图像识别模型,卷积神经网络模型能够利用大量皮肤镜图像数据进行反复训练,建立皮肤镜图像与特定病变任务之间的端到端映射关系,从而实现对皮肤镜图像的处理与识别。随着皮肤镜图像成像技术的快速普及,数字皮肤镜图像在近年来得到了大量积累,一方面为基于 CNN 的皮肤镜图像处理技术的研究提供了宝贵资源,另一方面也为基于人工智能方法的皮肤镜图像自动处理技术提出了更高的应用需求。

在这一背景下,卷积神经网络已是皮肤镜图像处理中不可或缺的研究工具。近年来,领域内学者广泛研究了基于卷积神经网络的皮肤镜图像分割、分类、检索等方法。

2017 年,Yuan 等人[26]构建了一个 19 层的编码器-解码器卷积神经网络,另外设计了基于 Jaccard 距离的损失函数,并且输入图像增强为七维,具体为 R、G、B 三通道,H、S、V 三通道,以及 CIELAB 空间中的亮度 L 通道,最终该方法在 ISBI 2017 皮肤镜图像分割挑战赛上取得当时的第一名。Yu 等人[3]则使用了两个超过 50 层的深层网络来分别对皮肤镜图像进行分割和分类,并用残差学习的方式来缓解深层网络的退化问题。2018 年,Sarker 等人[27]提出了编码器-解码器结构的 SLSDeep 网络,其中编码器由扩张残差层组成,以扩大感受野同时不缩小特征图,解码器还包含一个金字塔池化结构,以获取多尺度特征,提高特征鲁棒性。2021 年,Zhao 等人[28]提出了一种改进的基于可变形三维卷积和 ResU-NeXt++ 的皮肤病变分割模型,取代现有二维卷积神经网络中的普通模块,同时引入了 RAdam 作为优化器高效训练模型,取得了良好的分割性能。

2013 年,Abbas 等人[29]在感知均匀颜色空间提取颜色和纹理特征,采用 AdaBoost 方法实现七种皮损模式的分类。2014 年,Sáez 等人[30]分别采用高斯模型、高斯混合模型和词袋模型实现了球形、均质型和网状型三种皮损模式的分类。随着深度学习技术的发展,研究工作的病种数量逐渐增加。2017 年,美国斯坦福大学的人工智能实验室在 Nature 上发表文章[4],其在 GoogLeNet Inception-V3 网络上采用迁移学习技术对皮损图像进行端到端分类,在三种皮肤疾病和九种皮肤疾病中取得优异的分类性能。2019 年,Gessert 等人[31]提出一种基于块注意力机制的网络分类方法,用于高分辨率皮肤镜图像的分类诊断。2021 年,Yao 等人[32]提出了一种基于单一模型的皮损分类方法,采用一种改进的随机数据增强方法缓解数据集样本不足的影响,并引入了多加权损失函数和端到端累积学习策略,克服样本量不均匀和分类困难的挑战,并减少异常样本对训练的影响。

2016 年,Sun[33] 基于 AlexNet 实现了关于色素性皮肤病临床图像的检索方法,并在皮肤病临床图像检索任务上实现了深度语义哈希。2019 年,CAI 等人[34] 提出了一种针对医疗图像的基于卷积神经网络和监督哈希算法的图像检索方法。该方法在孪生网络的基础上,在网络最后增加了哈希层,并改进了损失函数,在损失函数中引入了正则项,以减小生成哈希码的量化误差,最后计算检索图像和数据库图像的汉明距离进行检索。2021 年,笔者所在课题组[35] 提出了基于柯西抗旋转损失的皮肤镜图像检索方法,该方法针对皮损目标成像无主方向的特性,通过对输入图像进行等间隔的角度旋转,学习不同角度样本的输出差异,提高了 CNN 的旋转不变性,得到了可分性更高的深度哈希编码。此外,该课题组还提出了一种基于注意力机制的混合空洞卷积空间注意力模块,通过同时提取特征图的全局及细节信息,提高 CNN 的特征提取能力。然而,现有阶段针对皮肤镜图像检索任务的研究成果较少,且效果仍没有达到临床广泛应用标准。在人工智能时代到来的今天,基于卷积神经网络方法在皮肤镜图像检索任务上的应用仍需学者们不断研究探索。

本章小结

本章介绍了皮肤镜图像自动分析系统的研究现状,介绍皮肤镜图像分析中所涉及的皮肤镜图像质量评价、预处理、分割、特征提取和分类识别、皮肤镜图像检索等关键技术,最后介绍基于卷积神经网络的皮肤镜图像分析方法。

本章主要参考文献

[1] Lecun Y, Bottou L, Bengio Y, et al. Gradient-based learning applied to document recognition[J]. Proceedings of the IEEE, 1998, 86(11):2278 – 2324.

[2] Krizhevsky A, Sutskever I, Hinton G E. ImageNet classification with deep convolutional neural networks[C]// International Conference on Neural Information Processing Systems. Curran Associates Inc. 2012:1097 – 1105.

[3] Yu L, Chen H, Dou Q, et al. Automated melanoma recognition indermoscopy images via very deep residual networks[J]. IEEE Transactions on Medical Imaging, 2016, 36(4): 994 – 1004.

[4] Esteva A, Kuprel B, Novoa R A, et al. Dermatologist-level classification of skin cancer with deep neural networks[J]. Nature, 2017, 542(7639): 115 – 118.

[5] 谢凤英,刘洁,崔勇,姜志国. 皮肤镜图像计算机辅助诊断技术[J]. 中国医学文摘:皮肤科学,2016 (1): 45 – 50.

［6］ 孟如松,赵广. 皮肤镜图像分析技术的基础与临床应用［J］. 临床皮肤科杂志,2008(04)：264－267.

［7］ FotoFinder Systems，"Fotofinder". http：//www. fotofinder-systems. com/ (2013)

［8］ Stolz W，Riemann A，Cognetta A B，et al. ABCD rules ofdermatoscopy：a new practical method for early recognition of malignant melanoma［J］. Eur J Dermatol，1994,4(7)：521－527.

［9］ Menzies S，Crook B，McCarthy W，et al. Automated instrumentation and diagnosis of invasive melanoma. Melanoma Res 1997,7(Suppl. 1)：s13.

［10］ McGovern T W，Litaker M S. Clinical predictors of malignant pigmented lesions：a comparson of the Glasgow seven-point checklist and the American Cancer Society's ABCDs of pigmented lesions ［J］. Dermatol Surg Oncol，1992,18：22－26.

［11］ Cascinelli N，Ferrario M，Tonelli T. A possible new tool for clinical diagnosis of melanoma：the computer［J］. Journal of the American Academy of Dermatology，1987，16（2）：361－367.

［12］ Thomas S，Wilhelm S，WolfgangA. Classification of melanocytic lesions with color and texture analysis using digital image processing［J］. Journal of Dermatology 1993,15；1－11.

［13］ Sober A J，Burstein J M. Computerized digital image analysis：an aid for melanoma diagnosis［J］. the Journal of Dermatology，1994，21(11)：885－890.

［14］ http：//usatinemedia. com/Usatine_Media_LLC/UsatineMedia_Home. html.

［15］ http：//www. handyscope. net.

［16］ Zhou H，Xie F，Jiang Z，Liu J，et al. Multi-classification of skin diseases for dermoscopy images using deep learning，Imaging Systems and Techniques (IST). 2017 IEEE International Conference on. IEEE，2017：1－5.

［17］ Taouil K，Romdhane N B，Bouhlel M S. A new automatic approach for edge detection of skin lesion images［J］. Information and Communication Technologies,2006,1：212－220.

［18］ Tanaka T，Yamada R，Tanaka M，et al. A study on the image diagnosis of melanoma［C］. Proceedings of the 26th Annual International Conference of the IEEE EMBS，2004,9：1597－1600.

［19］ Lee T，Ng V，McLean D，et al. A multi-stage segmentation method for images of skin lesions［C］. Proceedings of IEEE Pacific Rim Conference on Communications，Computers，visualization，and Signal Processing，1995,5；602－605.

［20］ Marghoob A A，Malvehy J，Braun R P. Atlas of Dermoscopy［M］. London：Informa Healthcare，2012.

［21］ Lee T K，Ng V，Gallagher R，et al. Dullrazor：A software approach to hair removal from images［J］. Computers in Biology and Medicine，1997,27(6)：533－543.

［22］ Xie FY，Qin S Y，Jiang Z G ，et al. PDE-based unsupervised repair of hair-occluded information in dermoscopy images of melanoma［J］. Computerized Medical Imaging ＆ Graphics，2009，33(4)：275－282.

［23］ 卢亚楠. 皮肤镜图像的质量评价与复原方法研究［D］.北京：北京航空航天大学,2016.

[24] Lu Y, Xie F, Jiang Z, Meng R. Blind deblurring for dermoscopy images with spatially-varying defocus blur[C]//2016 IEEE 13th International Conference on Signal Processing (ICSP). IEEE, 2016: 7 – 12.

[25] Yuan Y, Chao M, Lo Y C. Automatic skin lesion segmentation using deep fullyconvolutional networks with jaccard distance[J]. IEEE Transactions on Medical Imaging, 2017, 36(9): 1876 – 1886.

[26] Sarker M, Kamal M, Rashwan H A, et al. SLSDeep: Skin Lesion Segmentation Based on Dilated Residual and Pyramid Pooling Networks[C]. //International Conference on Medical Image Computing and Computer-Assisted Intervention. Springer, Cham, 2018: 21 – 29.

[27] Zhao C, Shuai R, Ma L, et al. Segmentation ofdermoscopy images based on deformable 3D convolution and ResU-NeXt＋＋[J]. Medical & Biological Engineering & Computing, 2021, 59(9): 1815 – 1832.

[28] Abbas Q, Celebi M E, Serrano C, et al. Pattern classification ofdermoscopy images: A perceptually uniform model[J]. Pattern Recognition, 2013, 46(1): 86 – 97.

[29] Saez A, Serrano C, Acha B. Model-Based Classification Methods of Global Patterns in Dermoscopic Images[J]. IEEE Transactions on Medical Imaging, 2014, 33(5):1137 – 1147.

[30] Gessert N, Sentker T, Madesta F, et al. Skin lesion classification using CNNs with patch-based attention and diagnosis-guided loss weighting[J]. IEEE Transactions on Biomedical Engineering, 2019, 67(2): 495 – 503.

[31] Yao P, Shen S, Xu M, et al. Single model deep learning on imbalanced small datasets for skin lesion classification[J]. IEEE Transactions on Medical Imaging, 2021, 41(5): 1242 – 1254.

[32] 孙银辉. 色素性皮肤病图像预处理与内容检索研究[D]. 成都：电子科技大学, 2016.

[33] Cai Y, Li Y, Qiu C, et al. Medical image retrieval based on convolutional neural network and supervised hashing[J]. IEEE Access, 2019, 7: 51877 – 51885.

[34] Zhang Y, Xie F, Song X, et al. Dermoscopic image retrieval based on rotation-invariance deep hashing[J]. Medical Image Analysis, 2022, 77: 10230.

第 2 章

卷积神经网络基础

传统机器学习方法对皮肤镜图像进行分割和分类时,大多是基于低级特征的,分类器也都是传统的机器学习分类器。传统机器学习方法所提取的特征需要人工设计,所使用的分类器也都针对小样本数据,泛化能力受到限制。2012 年以来,深度学习作为一种新的机器学习方法开始流行,并逐渐成为计算机视觉和模式识别领域解决问题的强有力工具,基于深度学习的皮肤镜图像分析方法开始被提出。基于深度学习的皮肤镜图像分析方法是端到端的,其关键在于卷积网络结构和损失函数的设计。本章首先介绍卷积神经网络的基本原理和典型结构,给出卷积神经网络的设计方法,为后续基于卷积神经网络的皮肤镜图像分析奠定基础。

2.1 卷积神经网络原理

作为深度学习方法的一种,卷积神经网络(convolutional neural networks,CNNs)是一种深度前馈人工神经网络。普通神经网络的输入层和隐含层一般都采用全连接,这会导致参数量较大,并且提取的特征不具有空间信息。而卷积神经网络最主要的特点就是采用局部感受野,通过卷积层提取有效的空间信息。此外,局部感受野和权值共享的方法还能大幅度降低参数数量。

2.1.1 卷积神经网络的组成部件

一般来说,CNN 的网络结构中包含有数据输入层、卷积层、池化层、全连接层、激活函数层、输出层和损失函数层。

(1) 数据输入层:输入一张图像,若输入彩色图像,那么输入数据的大小为 W×H×3,W×H 为图像的分辨率,3 是通道数,即 R、G、B 三通道。

(2) 卷积层(convolutional layer):CNN 的核心,绝大多数的计算都是由卷积层产生的。卷积层最重要的思想是局部感受野和权值共享。局部感受野使得提取到的特征包含局部信息。卷积层的卷积核数量确定了输入数据经过这层卷积层后得到的特征图数量。而卷积核的大小则确定了局部感受野的大小,即每个神经元只和部分输入神经元相连,这个局部区域的深度和输入数据的深度相同,如图 2-1 所示。

卷积运算为利用卷积核在输入的二维数据上滑动计算,并通过激活函数得到最终的计算结果,即特征图。卷积核的值为权重系数,每次卷积计算的过程都是将输入数据的每个通道图像和卷积核所对应位置的值进行加权求和并加上偏置项,公式如下:

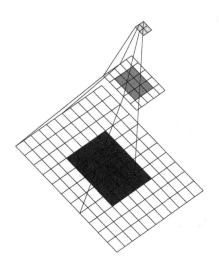

图 2 - 1　卷积核感受野示意图

$$x_j^l = \sum_{i \in M_j} x^{l-1} * k_{ij} + b_j \tag{2.1}$$

式中，l 指网络的第 l 层，x_j^l 为该层输出的第 j 张特征图，M_j 为该卷积核对应的像素点集，k_{ij} 为该卷积核中的第 i 个参数，b_j 为偏置项。

为了进一步减少参数数量，通常还会采用权值共享的方法，即每个神经元对应的卷积核参数一致。

（3）池化层（pooling layer）：也叫下采样层，通常位于卷积层之后。池化操作是对输入数据进行降采样，以此来减少参数，降低计算量，防止过拟合。此外，在一定程度上，特征图也引入了不变性，因为池化滤波器是用一个值来代替整个窗口，这样可以忽略特征的位置或方向信息，起到关注特征其他内容的作用。池化计算的公式如下：

$$x_j^l = \text{down}(x_j^{l-1}) \tag{2.2}$$

式中，$\text{down}(x)$ 为下采样函数，常用的下采样函数为取窗口内的平均值、中间值、最大值等。

（4）全连接层（fully connected layer, FC）：通常处于卷积神经网络的最后几层，包括最后的输出层。全连接指的是该层输出的每一个神经元和输入数据的所有神经元相连，如图 2 - 2 所示。一般全连接层是为了将特征信息映射到最后输出层的样本标记空间，最终输出该样本是每一类的概率，以此对特征进行分类。但是，由于全连接层和输入数据的每一个神经元都相连，而且它不能采用权值共享，因此全连接层的参数非常多。为了减少网络模型的参数，提出了用全局平均池化来代替全连接层。

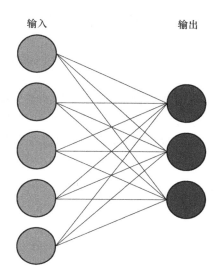

输入　　　　　　　　输出

图 2 - 2　全连接结构

（5）激活函数层：主要目的是引入非线性因素，非线性网络的表达能力比线性网络强得多。激活函数不仅需要满足非线性，还需要满足处处可导、单调性和有限输出范围。最早使用的激活函数是 Sigmoid 函数，但是 Sigmoid 函数有一个缺点，就是导数值较小，尤其在远离 0 的时候，导数接近 0，这会导致在训练过程中很容易产生梯度消失问题。之后 ReLU 函数被提出，公式如下：

$$\mathrm{ReLU}(x) = \begin{cases} x & x > 0 \\ 0 & x \leqslant 0 \end{cases} \tag{2.3}$$

如图 2 - 3 所示，当输入大于 0 时该函数输出等于输入，当输入小于等于 0 时该函数输出为 0，这样和神经元的激活机制更为相似。它的实际使用效果比 Sigmoid 函数网络的收敛速度更快，准确率也有所提高。

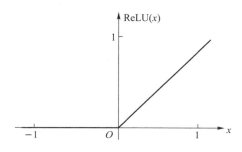

图 2 - 3　ReLU 激活函数

（6）Softmax 输出层：归一化指数函数，即 Softmax 函数，实际上是有限项离散概率分布的梯度对数归一化。经过全连接层的神经元参数范围往往难以确定，这不利于后续网络训练过程中的反向传播计算。因此,实际应用中常以 Softmax 函数作为神经网络最终的输出层,多用于多分类问题中。

Softmax 函数原理如图 2-4 所示。函数第一步将模型的预测结果 z 转化到指数函数上,保证输出概率的非负性。为了确保各个预测结果的概率之和等于 1,需要将转换后的结果 e^z 进行归一化处理。随后,将转化后的结果除以所有指数结果之和,即为转化后结果占总数的百分比,从而将多分类输出转化为概率值 y。最终的概率值 y 满足两条性质:预测的概率为非负数;各种预测结果概率之和等于 1。

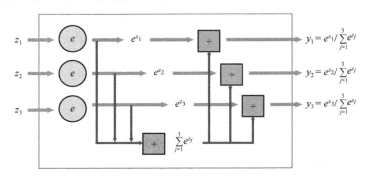

图 2-4 Softmax 函数原理图

(7) 损失函数层:CNN 的一个关键部分。卷积神经网络常用于监督学习,因此需要损失函数来计算网络模型的期望输出结果和真实输出结果之间的差距来衡量模型的好坏。CNN 训练过程的核心是反向传播算法,即根据当前损失进行反向传播,改变每一层参数的值,然后反复迭代,使得损失不断降低,直到最后收敛。

分割任务可以采用骰子系数损失函数(dice coefficient,DC)。这种方法受二分类问题的启发,本质思想是计算测试结果与真值间的重合程度,输出范围为 0 到 1,表示从完全不重合到完全重合的过程。训练过程中网络向损失函数缩小的范围进行,故实际损失函数是骰子系数的补集,其计算公式如下:

$$\text{loss} = 1 - \text{DC} = 1 - \frac{2(A \cap G)}{A + G} \tag{2.4}$$

式中,DC 表示骰子系数,A 表示实际分割结果,G 表示分割真值。网络训练过程中,根据 loss 减小的方向更新网络参数,使分割结果与真值重合程度越来越高。

分类问题可以采用经典的交叉熵损失函数。交叉熵最初被应用于信息论,目的是描述测试向量与真值向量的距离。实际问题中,当我们得到一组预测向量后,将向量与真值二值向量进行交叉熵计算。交叉熵越小,则表明它们的概率分布越接近,预测效果越好。通过不断降低交叉熵,神经网络计算得到更合适的参数,二分类交叉熵损失函数如下所示:

$$\text{loss} = \frac{1}{n} \sum_{i=1}^{n} \left[y_i \ln(\hat{y}_i) + (1 - y_i) \ln(1 - \hat{y}_i) \right] \tag{2.5}$$

式中，n 表示每个批次中的图像个数，y_i 表示类别真值标签，若原图像为黑色素瘤，则 $y_i=1$；反之，$y_i=0$。$\hat{y}_i$ 表示实际的预测概率，范围从 0 到 1。网络训练中，根据 loss 减小的方向更新网络参数，不断提高正确预测类别的概率。

一般的 CNN 网络结构都将卷积层、池化层和非线性激活函数层顺序连接作为一个整体，交替叠加这种结构，起到提取网络局部特征的作用，最后加几层全连接层，将提取到的特征映射为最终的分类概率或是所需要的最终结果。

2.1.2　卷积神经网络的训练过程

卷积神经网络与 BP 网络的训练过程大体相似，通过前向传播得到预测值后，再用反向传播算法链式求导，计算损失函数对每个权重的偏导数，然后使用梯度下降法对权重进行更新。卷积神经网络的训练中超参数的选取尤为重要，神经网络的收敛结果很大程度取决于这些参数的初始化，理想的参数初始化方案使得模型训练事半功倍，不好的初始化方案不仅会影响网络收敛效果，甚至会导致梯度弥散或梯度爆炸。

一般的卷积神经网络采用的是有监督学习的方法进行训练，其训练过程如下：

（1）选取训练样本集；

（2）初始化网络各权值和阈值；

（3）从训练样本集中选取一个向量对输入进网络；

（4）对选取的样本计算其实际输出值并与理想输出值进行比较，计算出它们的误差值；

（5）利用得到的误差值按极小化误差方法反向传播调整网络中各权值和阈值；

（6）最后判断网络调整后的总误差 E 与给定的误差阈值 ϵ 之间的大小，如果 $E \leqslant \epsilon$，则进入下一步；如果 $E > \epsilon$ 则网络还没有达到预期目标，需要返回第（3）步继续训练；

（7）训练结束，得到一个学习好的卷积神经网络。

然而实际应用场景由于各种条件限制，往往缺乏足够多有标出的数据。从头训练的网络需要大量带有标注的图片数据，这将耗费大量物力、人力及时间成本。针对实际场景中资源有限的情况，研究人员提出了迁移学习的方法训练网络模型。该方法在已训练好的模型参数迁移到新的模型来帮助新模型训练。考虑到大部分数据或任务都是存在相关性的，迁移学习的训练方法可以利用已经学到的模型参数，加快并优化模型的学习效率，原理如图 2-5 所示。

迁移学习是一种新型的模型训练方法，目前已广泛应用于包括医学影像诊断在内的各个领域。在图像数据总量急剧增长而标定数据不足的现状下，迁移学习将大数据训练的模型迁移到小数据上，有着强烈的实际需求，其重要性也日益突出。

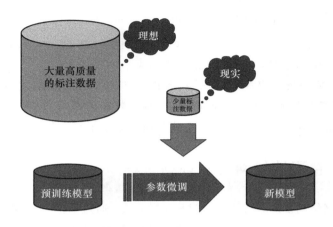

图 2-5　迁移学习在网络训练中的应用

2.2　典型的卷积神经网络模型

卷积神经网络是受生物神经学启发并结合人工神经网络而产生的开创性研究成果之一。与传统方法相比,卷积神经网络具有适用性强、特征提取与分类同时进行、泛化能力强、全局优化训练参数少等特点,已经成为目前深度学习领域的重要基石。近年来,随着计算能力和硬件性能的提高,卷积神经网络深度不断加深,产生了包括 LeNet、AlexNet、VGG-Nets、GoogLeNet、ResNet、FCN 和 U-Net 等在内的众多典型的网络结构,这些网络在皮肤镜图像的分割和分类中都有良好的表现。下面介绍这几种常见的网络。

1. LeNet

LeNet 于 1994 年被提出,是最早的卷积神经网络之一。图 2-6 展示了 LeNet 的网络结构,其包含输入层在内共有 8 层,每一层都包含多个参数。C 层代表的为卷积层,通过卷积操作,使原信号特征增强,并降低噪声。S 层代表下采样层,即池化层,利用图像局部相关性的原理,对图像进行子抽样,可以减少数据处理量,同时也可以保留一定的有用信息。F 层代表全连接层,起到"分类器"的作用。

2. AlexNet

2012 年,Alex 设计了 8 层卷积神经网络结构,卷积核尺寸为 11×11,使用 ReLU 作为激活函数、双并行 GPU 实现网络训练,在 ImageNet 图像类(1000 类,约 128 万张)竞赛上获得冠军,并远超第二名 10 个百分点,其网络结构如图 2-7 所示。

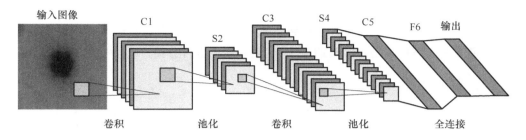

图 2 - 6　LeNet 网络结构示意图

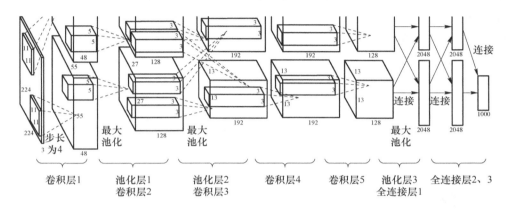

图 2 - 7　AlexNet 网络结构示意图

第一层卷积网络操作如图 2 - 8 所示,左方块是输入层,尺寸为 224×224 的 3 通道图像。右边的小方块是卷积核,尺寸为 11×11,深度为 3。每用一个卷积核对输入层做卷积运算,就得到一个深度为 1 的特征图。本步卷积使用 48 个卷积核分别进行卷积,因此最终得到多个特征图组成的 $55 \times 55 \times 48$ 的输出结果。

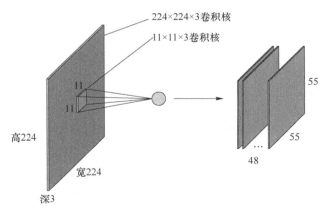

图 2 - 8　AlexNet 第一层卷积网络操作

因此,在 AlexNet 网络中,输入图像长宽像素数均为 224,深度为 3。经过五个卷积层的特征计算,后三层的全连接层将二维特征信息映射到最后输出层的样本标记空间,最终输出该样本是每一类的概率,以此对病种进行分类。

3. VGG-Nets

VGG-Nets 是牛津大学视觉几何组(visual geometry group,VGG)提出的,是 2014 年 ImageNet 竞赛定位任务的第一名和分类任务的第二名。VGG 可看成是 AlexNet 的加深版,仍采用卷积层加全连接层的结构。根据网络深度的不同,VGG 可以分为 VGG16 和 VGG19,图 2 - 9 展示了一个 VGG16-Nets 的结构。相比 AlexNet 的结构设计,VGG 采用了连续的几个 3×3 的卷积核代替 AlexNet 中的较大卷积核,在保证具有相同感知野的条件下,提升了网络的深度,在一定程度上增强了网络学习更复杂模式的能力。

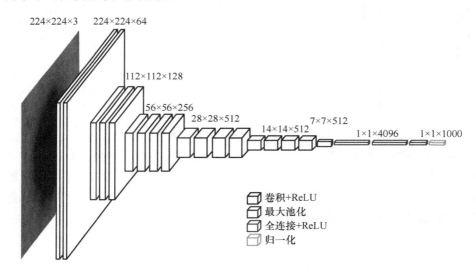

图 2 - 9 VGG16-Nets 网络结构示意图

4. GoogLeNet

GoogLeNet 在 2014 年的 ImageNet 分类任务上击败了 VGG-Nets 夺得冠军。该网络引入 Inception 结构代替了单纯的卷积激活的传统操作。Inception 是一种网中网(network in network)的结构,图 2 - 10 给出了 v1 和 v3 两个版本的 Inception 结构。可以看到,Inception 结构模块将卷积和池化操作堆叠在一起,最后将相同尺寸的输出特征拼接,一方面增加了网络的宽度,另一方面也增加了网络对尺度的适应性。

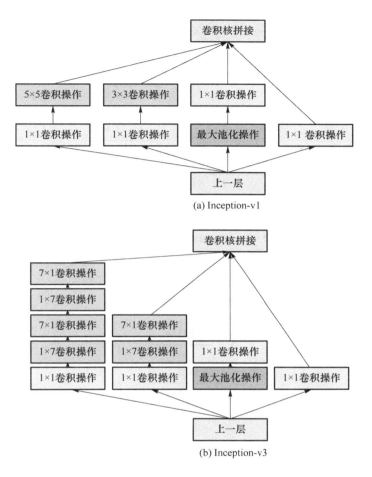

(a) Inception-v1

(b) Inception-v3

图 2 - 10 Inception 结构示意图

原始的 GoogLeNet 的整体结构由多个 Inception－v1 模块串联而成，如图 2－11 所示。随着对网络结构进一步地挖掘和改进，Inception 历经多个版本的升级，构成了适用于实际问题的更为复杂的网络结构，在不增加过多计算量的同时，进一步提高了网络的表达能力。

5. ResNet

传统的卷积网络在信息传递的时候存在信息丢失，同时还会导致梯度消失或者梯度爆炸，因而无法训练很深的网络。深度残差网络（deep residual network，ResNet）直接将输入信息绕道传到输出，保护信息的完整性，整个网络只需要学习输入、输出差别的那一部分，简化了学习目标和难度。图 2－12 给出了一个残差学习单元（residual unit）的示意图。假定某神经网络的输入是 x，期望输出是 $H(x)$，如果直接把输入 x 传到输出作为初始结果，那么此时需要学习的目标就是 $F(x)=H(x)-x$。

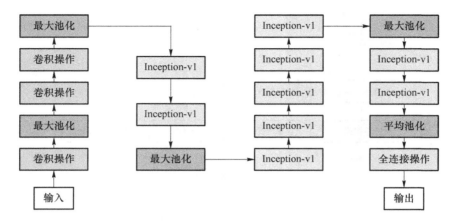

图 2 - 11　GoogLeNet 网络结构示意图

ResNet 相当于将学习目标改变了,不再是学习一个完整的输出 $H(x)$,只输出和输入的差别 $H(x)-x$,即残差,从而达到简化学习难度的目的。

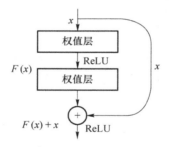

图 2 - 12　残差学习单元示意图

基于这种独特的残差单元结构,图 2 - 13 展示了一个 34 层的残差网络,实际问题中层数可以高达 100 多层,大大提高了网络的泛化能力。

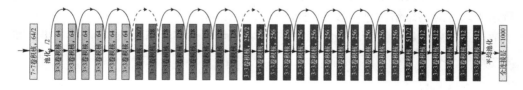

图 2 - 13　ResNet 网络示意图

6. FCN

FCN(fully convolutional networks,FCN)是图像语义分割中的一个经典的网络。通常 CNN 网络在卷积层之后会连接若干个全连接层,将卷积操作所提取的特征图,映射为一个固定长度的向量,例如在分类网络中将其映射为每一类别所属的概率值。而在分割任务中,最终要求输出一张与输入图像尺寸相同的分割结果图,所解决的问题是面对像素级的分类任务,即要求对图像中每个像素所属的类别进行决策。FCN 采用反卷积对最后一个卷积层输出的特征图进行上采样,使它恢复到与输入图像相同的尺寸,从而可以对每个像素产生一个预测,同时保留了原始输入图像中的空间信息,最后在上采样的特征图上进行逐像素分类。FCN 的模型结构图如图 2 - 14 所示。

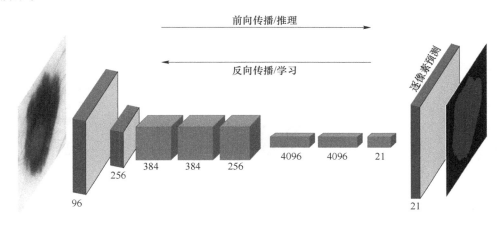

图 2 - 14   FCN 网络示意图

7. U-Net

U-Net 出现于 2015 年,属于 FCN 的一种变体。U-Net 的初衷是解决生物医学图像方面的问题,由于效果很好而被广泛地应用于语义分割的各个方向,比如卫星图像分割、工业瑕疵检测等。U-Net 和 FCN 都是 Encoder – Decoder 结构,结构简单且很有效。Encoder 负责特征提取,将原始的输入数据通过卷积的方式提取出低维的特征,然后再通过 Decoder 网络将低维特征恢复到目标结果。

U-Net 是一个 U 形语义分割网络,具有收缩路径和扩展路径。收缩路径的每一步都包含两个连续的 3×3 卷积,然后是 ReLU 非线性层和窗口为 2×2、步长为 2 的最大池化层。在收缩过程中,特征信息增加,空间信息减少。另一方面,扩展路径的每一步都由特征图的上采样和 2×2 的上卷积组成。这会将特征图的尺寸缩小一半,然后将缩减后的特征图与收缩路径中相应的裁剪特征图连接起来;接着应用两个连续的 3×3 卷积运算,以及 ReLU 非线性运算。这样,扩展路径结合特征和空间信息可进行精确分割。U-Net 的体系结构如图 2 - 15 所示。

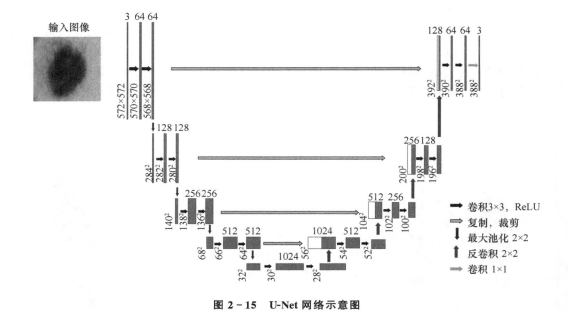

图 2 – 15 U-Net 网络示意图

2.3 卷积神经网络的设计方法

卷积神经网络广泛应用于计算机视觉领域。面对不同的视觉任务,网络的设计方法也各有特点,通常从以下三个方面进行设计。

1. 网络深度

通常,增加卷积网络的深度会使其非线性表达能力提升,从而提升模型的精度。因此,在一般的卷积神经网络设计中,增加网络的深度是一种提升准确性简单且有效的方式。关于如何选择网络的深度,通常有以下两种做法:

(1) 参考一些经典的网络:例如 AlexNet、VGG 等。在应用卷积神经网络解决计算机视觉任务时,一般会先选择一个基线(baseline)网络,以此为基础,通过不断地对比实验,来进行网络结构上的调整,选择出性能更优的网络结构,更好完成该视觉任务。

(2) 设计一种或几种卷积模块(block):一般设计网络多一层或者少一层,对于结果的影响不大。这样一层一层地改进调试,不仅需要反复实验,而且还浪费大量的计算资源,效率低下,显然不是一种好的设计方法。参考 VGG 或 ResNet 网络的设计方式,可设计出合适的卷积模块,这些模块是由几种不同的操作组合而成,例如卷积、激活、批量归一化(batch normalization,BN)等;然后在设计网络的过程中通过堆叠卷积模块来进行网络的性能的测试。这样的方式可以避免逐层设计所带来的工作量大、效率低等问题。

2. 多尺度

卷积神经网络通过逐层抽象的方式来提取目标的特征,其中一个重要的概念就是感受野。如果感受野太小,则只能观察到局部的特征;如果感受野太大,则获取了过多的无效信息,因此研究人员一直都在设计各种各样的多尺度模型架构,提取多尺度特征,来提高网络的分类性能。图像金字塔和特征金字塔是两种比较典型的多尺度方法。

(1) 多尺度输入网络(图像金字塔):顾名思义,就是使用多个尺度的图像输入,然后将其结果进行融合,传统的人脸检测算法 V - J 框架就采用了这样的思路。值得一提的是,多尺度模型集成的方案在提高分类任务模型性能方面是不可或缺的,许多的模型仅仅采用多个尺度的预测结果进行平均值融合,就能获得明显的性能提升。多尺度输入的网络结构如图 2 - 16 所示。

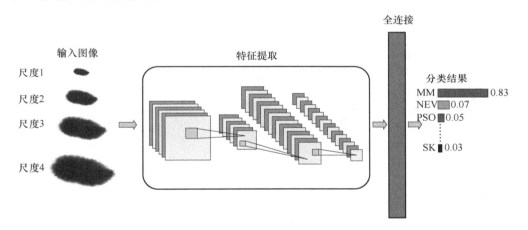

图 2 - 16　多尺度输入网络示意图

(2) 多尺度特征融合(特征金字塔):在网络处理阶段,计算不同尺度下的特征图,最后将提取到的特征融合以便进行下游任务。比如 Inception 网络中的 Inception 基本模块,见图 2 - 10,包括有四个并行的分支结构,分别是 1×1 卷积,3×3 卷积,5×5 卷积,3×3 最大池化,最后对四个通道进行组合。

(3) 以上两种的组合:在设计网络的时候,根据具体任务的特点,将各种尺度的图像输入网络进行特征提取,计算各种尺度的特征图,然后再对各种特征进行融合,得到多尺度融合之后的特征,融合后的特征即可用于后续的分割、分类等任务。例如在输入前构建图像金字塔,然后在网络处理阶段使用 Inception 结构进行多尺度特征融合。

在设计网络的时候要根据具体的任务要求和特点来设计网络。在网络性能遇到瓶颈的时候可以尝试采用多尺度的方法来改进网络。

3. 注意力机制

注意力机制（attention mechanism）是一种被广泛应用于深度学习领域中的方法，该方法符合人的认知机制。人类在观察一幅图像的时候，会对不同的区域投入不一样的关注度。将注意力机制引入卷积神经网络的设计当中，可以使得网络表现出更好的性能。常用的注意力机制主要分为空间域、通道域和混合域。

（1）空间域：空间注意力机制将图像中的空间域信息作对应的空间变换，从而能将关键的信息提取出来。空间注意力机制对空间进行掩模（mask）的生成，对像素的重要程度进行打分。典型的空间注意力机制如空间注意力模块（spatial attention module），其结构如图 2-17 所示，该模块对于 H× W 尺寸的特征图，学习到一个权重，对每个像素学习到一个权重来表示对该像素的注意程度，增大有用的特征，弱化无用特征，从而起到特征筛选和增强的效果。

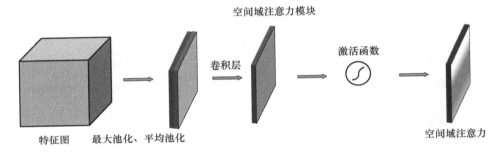

图 2-17　空间域注意力网络示意图

（2）通道域：通道注意力机制（channel attention module）将全局空间信息压缩至一系列通道描述符中，相当于给每个通道上的信号都增加一个权重来代表该通道与关键信息的相关度，权重越大表示相关度越高。SENet（squeeze-and-excitation networks）是一种典型的通道注意力机制，其结构如图 2-18 所示。

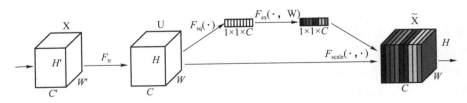

图 2-18　通道域网络示意图

（3）混合域：将空间和通道相结合的注意力机制。空间域的注意力与通道域的注意力都对网络的性能提升有影响，那么将这两者结合起来也能够起到提升网络性能的作用。代表性的网络结构如 CBAM（convolutional block attention module）、DANet（dual attention network）等。图 2-19 给出了 CBAM 的结构示意图。

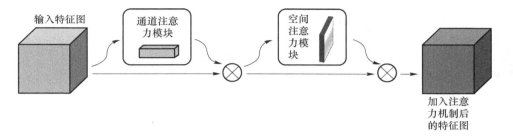

图 2-19 CBAM 结构示意图

在卷积神经网络中引入注意力机制是一种便捷有效的方式。例如 SENet 在 2017 年的 ILSVR 大赛中获得冠军，它仅通过对特征通道间的相关性进行建模，就带来了巨大的提升，并且新引入的计算量也很少。用注意力的方式对特征加以选择，使模型更多地关注重要的特征，弱化不重要特征对模型的影响。

本章小结

相比于传统的机器学习方法，用卷积神经网络进行皮肤镜图像分析能获得更好的性能。本章首先给出了卷积神经网络的基本原理，然后介绍了卷积神经网络的典型、常用结构和算法框架，并简要给出了卷积网络的设计方法。本章内容是后续章节基于卷积神经网络的皮肤图像分类、分割、检索等算法的基础，也是医学图像计算机辅助诊断中比较典型的技术，可以供相关研究者参考。

本章主要参考文献

［1］ LeCun Y，Bottou L，Bengio Y，et al. Gradient-based learning applied to document recognition ［J］. Proceedings of the IEEE，1998，86(11)：2278-2324.

［2］ Krizhevsky A，Sutskever I，Hinton G E. Imagenet classification with deep convolutional neural networks［J］. Advances in Neural Information Processing Systems，2012，25.

［3］ Simonyan K，Zisserman A. Very deep convolutional networks for large-scale image recognition ［J］. arXiv preprint arXiv:1409.1556，2014.

［4］ Szegedy C，Liu W，Jia Y，et al. Going deeper with convolutions［C］//2015 IEEE Conference on Computer Vision and Pattern Recognition (CVPR). IEEE，2015：1-9.

［5］ He K，Zhang X，Ren S，et al. Deep residual learning for image recognition［C］//2016 IEEE

Conference on Computer Vision and Pattern Recognition (CVPR)IEEE, 2016: 770 – 778.

［6］ Ronneberger O, Fischer P, Brox T. U – net: Convolutional networks for biomedical image segmentation［C］//International Conference on Medical Image Computing and Computer – Assisted Intervention. Springer, Cham, 2015: 234 – 241.

［7］ Hu J, Shen L, Sun G. Squeeze – and – excitation networks［C］// 2018 IEEE Conference on Computer Vision and Pattern Recognition (CVPR). IEEE, 2018: 7132 – 7141.

［8］ Woo S, Park J, Lee J Y, et al. CBAM: Convolutional block attention module［C］//15th European Conference on Computer Vision (ECCV). Springer, 2018: 3 – 19.

［9］ Fu J, Liu J, Tian H, et al. Dual attention network for scene segmentation［C］// 2019 IEEE Conference on Computer Vision and Pattern Recognition (CVPR). IEEE, 2019: 3146 – 3154.

［10］ Huang G, Liu Z, VanDer Maaten L, et al. Densely connected convolutional networks［C］// 2017 IEEE Conference on Computer Vision and Pattern Recognition (CVPR). IEEE, 2017: 4700 – 4708.

［11］ Ioffe S, Szegedy C. Batch normalization: Accelerating deep network training by reducing internal covariate shift［J］. arXiv preprint arXiv:1502. 03167, 2015.

［12］ Nair V, Hinton G E. Rectified linear units improve restrictedboltzmann machines［C］// 27th International Conference on Machine Learning (ICML). ACM, 2010: 807 – 814.

［13］ Long J, Shelhamer E, Darrell T. Fully convolutional networks for semantic segmentation ［C］//2015 IEEE Conference on Computer Vision and Pattern Recognition (CVPR). IEEE, 2015: 3431 – 3440.

第 3 章

基于卷积神经网络的
皮肤镜图像分割

　　基于卷积神经网络的皮肤镜图像分割是皮肤病辅助诊断领域的研究课题之一，精确的皮损边界能够为诊断工作提供重要的参考。传统的分割方法特征设计简单，往往难以应对皮损边缘模糊、目标尺度不一、内部纹理多样等复杂场景。深度学习网络能够提取语义信息更丰富、鲁棒性更强的高层特征，有效提升分割精度，逐渐成为该领域重要的研究方法。本章将基于前一章节卷积神经网络的原理及框架，介绍三种皮肤镜图像分割网络，并展示各个方法的分割实例和分析结果。

3.1　基于全卷积神经网络的皮肤镜图像多尺度分割

　　全卷积神经网络（fully convolutional neural network，FCN）是一种新的卷积神经网络结构[1]，它将 CNN 中的全连接层在参数不变的情况下替换为卷积层，使原本用于图像分类的网络结构可以分割任意大小的图像，能够在许多分割任务中表现得优异。然而，如果直接将 FCN 原始结构应用在皮肤镜图像上，经常会出现网络漏检较小皮损目标的情况。针对这一问题，本节将介绍一种多尺度全卷积神经网络结构，如图 3-1 所示，该网络由一个底层主干部分和两个具有不同尺度感受野的分支组成。

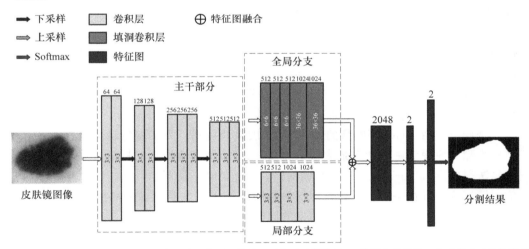

框中数字及框上数字分别代表卷积核尺寸及特征图数量，网络下采样使用3×3的最大值池化，上采样为双线性插值

图 3-1　双分支 FCN 结构示意图

3.1.1 双分支网络结构

1. 主干部分

正如先前所提到的,由于皮肤镜图像的复杂性,皮损分割是一项非常具有挑战性的任务,为了应对各种皮损形状、纹理以及毛发干扰等,所设计的网络必须具有相当的深度以提取更高层、更有鲁棒性的特征。由于皮肤镜图像分割任务的数据集有限,一个随机初始化的深度网络很难收敛,或者即使收敛也会发生严重的过拟合,因此本方法将使用迁移学习来减少网络学习时间并提高网络鲁棒性。深度学习中最常使用的迁移学习方法是微调(fine-tuning)。

根据上述理论,本节方法所涉及网络的底层主干部分由 VGG16 网络[2] 的前十层微调得到,VGG16 网络是一个用于自然图像分类的经典深度学习网络,许多 FCN 结构中都有部分结构是从 VGG16 网络微调而来。

2. 全局及局部分支

当 CNN 的网络深度很大时,其分类的准确性和定位的精确性通常无法同时兼顾,这在很大程度上限制了网络的表现。下采样层(例如本模型使用到的最大值层)多且感受野更大的模型具有强大的分类能力,然而模型中下采样层带来的内在不变性(对图像平移、旋转等变化的适应能力)使其定位的能力被减弱,这也就是常规FCN 模型在分割皮肤镜图像中小区域目标时容易出现漏检的原因。为了平衡模型的像素分类能力和定位能力,设计提出了双分支的网络结构,分别提取全局特征和局部特征,综合两种特征进行分割。

全局分支由 VGG16 网络的第 11～15 层微调得到。为了避免定位能力下降,该结构去除了原模型中的两个最大值池化层。另外,为了获取全局特征,该分支采用了填零法[3](hole algorithm)来扩大感受野,将分支前三层扩大 2 倍,后两层扩大 12倍。填零法通过在每一个原始卷积核参数间填零来扩大卷积核的感受野,这使得全局分支在不因下采样而损失定位精度的同时,能够向网络提供全局特征。

局部分支由四个卷积核大小为 3×3 的卷积层组成,因为该分支结构简单,其卷积核参数由随机初始化得到(非微调)。与全局分支相比,局部分支的感受野更小、更加关注小面积皮损目标。我们将全局特征和局部特征级联起来用于生成预测概率图,并用双线性插值法将预测概率图放大到原始图像尺寸,最终的分割结果由Softmax 分类器逐像素分类得到。

为了展示本模型双分支结构的有效性,分别使用仅带有单个分支的网络进行训练和测试。图 3-2 展示了两个单分支网络和本文模型在皮肤镜图像上的分割结果。第一行原始图像中皮损区域的面积非常小,这使有极大感受野的全局分支网络出现漏检,而局部分支网络成功检测到了皮损区域,但仍有轻微的欠分割,将两分支特征结合在一起后,分割结果明显更加准确。在图像的第二行,局部分支网络感受野较小,将人工标记物误判为皮损区域,而全局分支网络提取到的特征包含整张图像的信息,根据全图信息,网络可以准确地做出判断。因此,通过全局和局部分支结合,双分支网络能够在检测到小面积皮损目标的同时避免过分割。

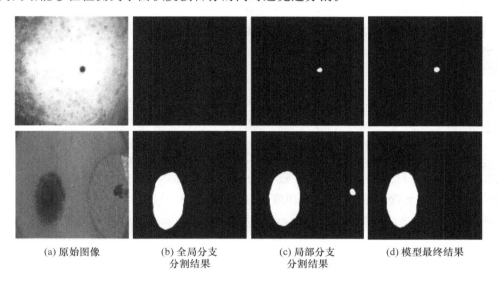

(a) 原始图像   (b) 全局分支   (c) 局部分支   (d) 模型最终结果
分割结果   分割结果

图 3 - 2 各网络分割结构示意图

3.1.2 分割实例分析

该方法使用公开数据集 ISBI 2016[4] 训练并进行检验评价。该数据集来源于国际皮肤成像协作组织(international skin imaging collaboration,ISIC),曾用于 ISBI 2016 皮肤镜图像竞赛,包含 900 张训练图像和 379 张测试图像,同时提供了相应的真值图。

为了便于和竞赛榜单上的算法作比较,该方法采用竞赛中使用的五个指标来衡量网络的分割表现,分别为:Jaccard 指数(jaccard index,JA),准确率(accuracy,AC),Dice 系数(dice coefficient,DI),敏感度(sensitivity,SE)及特异度(specificity,SP)。各指标定义如下:

$$JA = \frac{TP}{TP+FP+FN} \tag{3.1}$$

$$AC = \frac{TP+TN}{TP+FP+FN+TN} \tag{3.2}$$

$$DI = \frac{2TP}{2TP+FP+FN} \tag{3.3}$$

$$SE = \frac{TP}{TP+FN} \tag{3.4}$$

$$SP = \frac{TN}{TN+FP} \tag{3.5}$$

其中,TP,TN,FP,FN分别代表真阳性、真阴性、假阳性、假阴性像素的数量,"阳性"与"阴性"由真值图给出,详细定义可参考表3.1。

表3.1 各符号定义

真值图判断结果	分割算法判断结果	
	皮损目标	健康皮肤背景
皮损目标	真阳性(true positive, TP)	假阴性(false negative, FN)
健康皮肤背景	假阳性(false positive, FP)	真阴性(true negative, TN)

Jaccard指数和Dice系数是常用于医学图像分割任务的两个指标。Jaccard指数关心个体间共同具有的特征是否一致,用于比较有限样本集之间的相似性,取值范围在0~1之间,系数值越大,样本相似度越高,如下式(3.6)所示:

$$JA = \frac{|X \cap Y|}{|X \cup Y|} \tag{3.6}$$

Dice系数源于二分类,用于衡量两个样本的重叠部分,是一种集合相似度度量函数,取值范围在0~1之间,越接近1说明模型性能越好,如下式所示:

$$DI = \frac{2|X \cap Y|}{|X|+|Y|} \tag{3.7}$$

式(3.6)和式(3.7)中,X表示模型预测结果,Y表示样本真实结果。上述两个指标的本质都是衡量预测值与真值的相似程度,因此在评价分割模型性能的实际场景中可相互转化。

1. 网络结构实验

为了验证双分支网络模型的优越性及迁移学习的有效性,将该网络与两种经典的全卷积网络结构,即FCN-32s[1]和Deeplab[5],及其他们的变种进行对比实验。变种类型包括更大感受野(large field of view,LFOV)、多尺度(multiscale,MSc)和条件随机场(conditional random fields,CRF)。

所有网络均使用随机梯度下降法(stochastic gradient descent,SGD)训练,训练时动量(momentum)为0.9,权重衰减(weight decay)为0.005。在训练双分支网络时,每次训练四张图像,并将初始学习率设定为0.001,每经过4000次迭代后将学习率缩减为之前的0.01倍,共训练16000次迭代,而对于其他用来比较的网络,均使用原文中的参数设置。图3-3展示了这些网络在实际图像上的分割结果,实线(红色)轮廓代表真值,虚线(蓝色)轮廓代表分割结果。

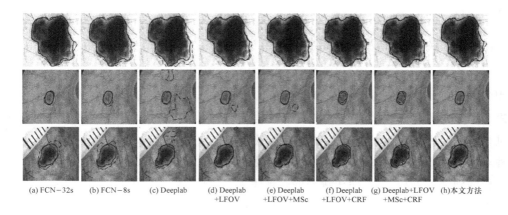

| (a) FCN-32s | (b) FCN-8s | (c) Deeplab | (d) Deeplab +LFOV | (e) Deeplab +LFOV+MSc | (f) Deeplab +LFOV+CRF | (g) Deeplab+LFOV +MSc+CRF | (h)本文方法 |

图 3-3 不同网络分割结果示意图

由图 3-3 可见,对于比较难分割的图像(例如有毛发遮挡或者有人工标记物干扰),Deeplab+LFOV+CRF、Deeplab+LFOV+MSc+CRF 和本节网络可以取得较为精确的结果。CRF 方法结合了颜色信息、像素点的位置以及预测概率来避免过分割,如图 3-3 第二行(d)~(g)所示;然而毛发与皮损区域通常颜色相近且有重叠,此时 CRF 反而会导致分割结果出错。与其他全卷积结构相比,本节结构对于皮肤镜图像的复杂性不敏感,能够获取更为精确的皮肤边界。

表 3.2 不同网络结构分割结果统计

网络结构	JA/%	DI/%	AC/%	SE/%	SP/%
FCN-32s	82.1	89.1	94.4	91.5	95.0
FCN-8s	82.5	89.3	94.6	92.1	94.8
Deeplab	77.6	86.1	93.2	92.9	91.9
Deeplab+LFOV	83.5	90.1	95.0	93.2	95.1
Deeplab+LFOV+MSc	83.5	89.8	95.1	93.0	95.2
Deeplab+LFOV+CRF	83.2	89.7	95.1	87.9	**96.6**
Deeplab+LFOV+MSc+CRF	83.1	89.5	95.0	87.9	96.5
本节方法	**84.1**	**90.7**	**95.3**	**93.8**	95.2

表 3.2 是各网络结构在 379 张测试图像上的分割结果指标,所有的全卷积网络都取得了不错的表现,这也证实了迁移学习用于皮肤镜图像分割的作用。从表中还可以看到,FCN-32s 和 FCN-8s 效果大致相同,网络在使用 MSc 时,分割精度改变不大,而 CRF 方法在皮肤镜图像上不仅没能使分割更加准确,反而降低了网络的敏感度。本方法取得了最高的 AC、DI、JA 和 SE 指标,表明本方法提出的网络结构更

适用于皮肤镜图像的分割任务。

2. 与其他分割方法对比实验

许多研究团队参加了 ISBI 2016 皮肤镜图像的分割和分类竞赛,这些团队所使用的方法中既有传统方法也有深度学习方法。将本节方法与取得比赛前六名的方法进行比较,数据统计来源于文献[6],比较结果见表 3.3。表 3.3 中方法按照 JA 指标进行排名。可以看到,该方法在指标上紧随第一名方法 EXB 之后,明显优于其余五种对比算法。EXB 方法使用了一些精心设计的预处理和后处理步骤,而本方法作为一种端到端的方法,没有使用额外的处理步骤。因此,本节的方法在实际临床诊断过程中具有更大的潜能,并可以比其他六种方法取得更好结果。

表 3.3　不同分割方法的分割结果统计

分割方法	JA/%	AC/%	DI/%	SE/%	SP/%
EXB	**84.3**	**95.3**	**91.0**	91.0	96.5
本节方法	84.1	**95.3**	90.7	**93.8**	95.2
CUMED	82.9	94.9	89.7	91.1	95.7
Mahmudur	82.2	95.2	89.5	88.0	96.9
SFU－mial	81.1	94.4	88.5	91.5	95.5
TMUteam	81.0	94.6	88.8	83.2	**98.7**
UiT－Seg	80.6	93.9	88.1	86.3	97.4

根据以上实验结果,可以看到:

① 与经典卷积神经网络方法相比,基于全卷积神经网络的皮肤镜图像分割方法取得了较为精确的分割结果,尤其针对小目标的皮损区域,网络不易出现欠分割情况;

② 与其他皮肤镜图像分割方法相比,该方法采用了端到端的分割网络,没有精心设计的预处理和后处理步骤,在临床使用时具有更高鲁棒性。

3.2　基于多尺度特征融合的皮肤镜图像分割

皮肤镜图像分割任务中,既需要语义信息来辨别皮损和背景,又需要细节信息来恢复皮损边界。本节将介绍一种基于多尺度特征融合的皮肤镜图像分割网络(multi－scale network,MSNet),该网络能够同时利用浅层中的细节信息和深层中的语义信息,从而提取准确的皮损区域。

图 3-4 展示了 MSNet 的网络结构。该网络首先为 1 个 7×7 的卷积层,其步长为 2;接着为一个最大池化层,包含 3 个稠密连接块(dense block),每个块分别在不同尺度上提取特征;浅层块提取细节特征,能够反映皮损的边界位置等信息;深层块提取语义特征,用于区分皮损区域和背景区域。不同块输出的特征图以级联的方式融合为多尺度特征,最终逐像素分类输出分割结果。

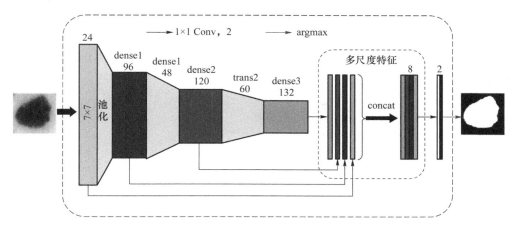

图 3-4　基于多尺度特征融合的皮肤镜图像分割网络(MSNet)

3.2.1　稠密块和过渡块

1. 稠密块

普通卷积神经网络是一种层层堆叠结构,每一层的输入为它相邻上一层的输出,同时该层输出是它相邻下一层的输入。在这种网络结构中,只有相邻层之间存在信息交互,而当前层无法利用其上一层之前的全部信息。因此,即使前面的层已经学习了某部分特征,当前层也不能利用,这可能造成当前层重复学习这一部分的特征,出现学习冗余。

稠密连接卷积网络(densely connected convolutional network,DenseNet)中的稠密块结构的每一层的输出将作为其后每一层的输入,每一层的输入由其前面所有层的输出合并而来。这种结构使得之前所提取的特征能够在后续层中被直接利用,加强了信息交互,避免卷积层重复学习某些特征,降低网络训练难度。另外,不同层中的特征包含不同信息,将前面不同层的输出进行合并也是一种多尺度特征融合方式。

　　稠密块的具体结构如图3-5(a)和(b)所示,每个稠密块包含6个3×3的卷积层,由于每一层的输入由其前面所有层的输出合并而来,因此这里每个卷积层输出的通道数仅设为12,防止特征合并之后通道数太多,消耗太多内存。如图3-5(b)所示,每一个卷积层前面有一个BN层和ReLU函数(rectified linear unit,ReLU)。神经网络通常层数较多,训练过程中,网络浅层的参数更新之后便层层传递,会造成网络高层的数据的分布发生很大变化,因此网络需要通过不断调整来适应这种新的变化,进而导致训练效率不高,这称为内部协方差偏移(internal covariance shift,ICS)问题。BN层可以对数据进行归一化,使得每一层数据的均值和方差接近一致,缓解了ICS问题,加速网络优化。ReLU函数计算简单,且在大于0的范围内一直存在导数值1,有利于梯度下降优化。

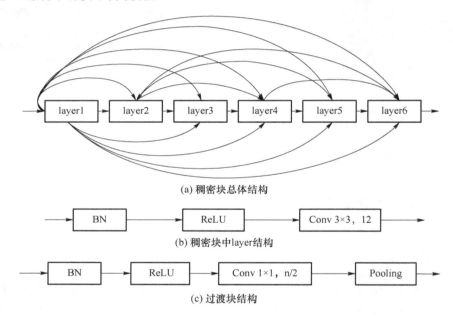

(a) 稠密块总体结构

(b) 稠密块中layer结构

(c) 过渡块结构

图3-5　DenseNet中的稠密块和过渡块结构

2. 过渡块

　　由于稠密块内每一层都存在特征合并,即使每层输出通道数仅设为12,特征图的通道数仍然会随着层数变多而快速增加。另外,特征合并要求特征图是同样分辨率的,因此稠密块内不能对特征降维,后续感受野无法增加。为了减缓特征图通道数的快速增加,防止内存消耗增长太快,同时为了实现降维以增大后续结构块(block)的感受野,并提取语义信息,我们设计了一个过渡块(transition block),其结构如图3-5(c)所示。过渡块包含了一个1×1卷积层和一个最大池化层,其中1×1卷积层可以对特征图的通道数进行降维,缩小为输入通道数的一半。池化层可以对特征图的空间尺寸进行降维,具体步长为2,可以将输入特征图的宽和高都缩减为原始的一半。本章网络中,除了最后一个稠密块,其他稠密块后面都跟随一个过渡块。

3.2.2　多尺度特征融合

MSNet 的骨干部分包括四个阶段,分别是 7×7 卷积、稠密块 1、稠密块 2 和稠密块 3。网络层次由低到高,所提取的特征包含的细节信息越来越少,语义信息越来越多,最终以图 3-1 中的方式融合四个阶段产生的特征图,从而获得多尺度特征。

不同尺度的特征信息存在较大差异,若直接使用 Concat 的方式融合,可能会因为特征之间的隔阂而导致融合效果不好。因此,让网络四个阶段的特征都经过一个 1×1 的卷积,得到双通道的特征图,其中第一个通道代表网络该阶段预测的背景区域分数图,第二个通道代表该阶段预测的皮损区域分数图,这两分数图经过一个 Softmax 操作便可以得到该阶段预测的皮损区域概率图。计算此概率图和真实皮损掩模之间的损失,且让这部分损失在训练中进行反向传播,这样可使网络各个阶段都能预测皮损,即不同阶段的特征均被映射到输出空间,消除了不同阶段特征之间的隔阂,有利于后续的融合操作。

在多尺度特征融合之前,考虑到四个阶段得到的双通道特征图的尺寸不一致,这里用双线性插值方式,将稠密块 1、2 和 3 得到的双通道特征图分别上采样 2 倍、4 倍和 8 倍,使所有特征图的尺寸一致,然后进行 Concat 操作,得到一个 8 维的融合特征图。融合特征再经过一个 1×1 的卷积,输出两通道特征图。这个双通道特征图同样会经过一个 Softmax 操作,得到网络最终预测的皮损区域概率图,表示了每个像素属于皮损的概率。

3.2.3　损失函数

皮肤镜图像分割是一个像素级别的二分类任务,因此使用二维交叉熵损失函数来计算分割损失,具体为:

$$L = -\frac{1}{WH}\sum_{i=1}^{H}\sum_{j=1}^{W}\left[y_{ij}\ln(\hat{y}_{ij}) + (1 - y_{ij})\ln(1 - \hat{y}_{ij})\right] \tag{3.8}$$

其中,$\hat{y}$ 代表预测的皮损概率图,y 代表真实的皮损掩模,$y_{ij}=1$ 代表像素 (i,j) 属于皮损,$y_{ij}=0$ 代表该像素属于背景。W 和 H 分别表示宽和高。

训练过程中有两部分损失,首先是网络最后输出部分的分割损失,另外一部分来自于网络各个阶段输出的分割损失,因此训练总损失具体表示为:

$$L_{\text{all}} = L_{\text{out}} + \lambda \cdot \sum_{i=1}^{4} L_{\text{stage}}^{i} \tag{3.9}$$

其中，L_{out}表示网络输出部分计算的分割损失，L_{stage}^{i}表示网络中的阶段 i 输出的分割损失，λ 是表示权重的超参数，用来平衡这两部分损失。

3.2.4　分割实例分析

本节实验在公开数据集 ISBI 2017[7] 上进行，共包含 2000 张训练图、150 张验证图和 600 张测试图，其中的皮损分割真实掩模均由临床医生标注。由于原始图像的尺寸不一致，图像大小从 542×718 到 2 848×4 288 不等，因此首先采用双线性插值的方法，将所有图像都缩放成固定的 512×512 大小。数据扩充对网络训练很重要。由皮肤镜图像可以从任意角度去采集，这里用到的扩充方式为：对于输入图像，先是有 0.5 的概率被水平翻转，然后有 0.5 的概率被垂直翻转，再有 0.5 的概率被旋转，旋转角度 0°~360°，最后有 0.25 的概率被平移，平移距离从 0 到 50 个像素。相应地，真实皮损掩模将会和皮肤镜图像做同等变换。

为了验证 MSNet 方法的有效性，将该方法和其他皮肤镜图像分割方法进行对比，包括 ISBI 2017 皮肤镜图像分割挑战赛上的前五名，以及两种常用的分割网络 FCN 和 U-Net，这七种方法都是基于深度学习的网络。图 3-6 为 FCN、U-Net 和该网络 MSNet 的分割示例图，其中第一列为输入图，后面几列中的实线代表真实皮损边界，而虚线则代表该网络和对比网络预测的皮损边界。可以看出，前两张输入图比较简单，皮损和背景都比较分明。FCN 提取的皮损边界比较平滑，因为它仅用中间层和高层的特征来获得输出，而这些特征分辨率较低，已经丢失了较多的空间细节信息。U-Net 和 MSNet 提取的皮损边界比较准确，因为 U-Net 和 MSNet 都利用了低层特征中的空间细节信息。第三张输入图背景复杂，可以看出 FCN 和 U-Net 都将较多噪声错误地预测为皮损，而 MSNet 受噪声干扰小。对于第四张输入图，FCN 和 U-Net 都产生了明显的欠分割，而 MSNet 能提取出更多的皮损，分割结果更好。

3.1.2 节介绍了图像分割的有监督评价指标，包括 Jaccard 指数 JA、准确率 AC、灵敏感 SE 和特异度 SP。本方法在 ISBI 2017 分割测试数据集上进行分割结果的统计，表 3.4 为分割结果。参考 ISBI 2017 分割比赛中的要求，以 JA 值作为主要的分割指标进行对比分析。可以看出 MSNet 取得了最高的 JA 值，分别超过第一、二、三名 0.2%、0.5% 和 0.7%，超过 FCN 3.4%，超过 U-Net 1.6%；在敏感度 SE 上，除了 FCN，MSNet 取得了比其他方法更高的 SE 值。上述结果证明了 MSNet 方法能够准确地检测皮损像素，在皮肤镜图像分割任务中具有较好的表现。

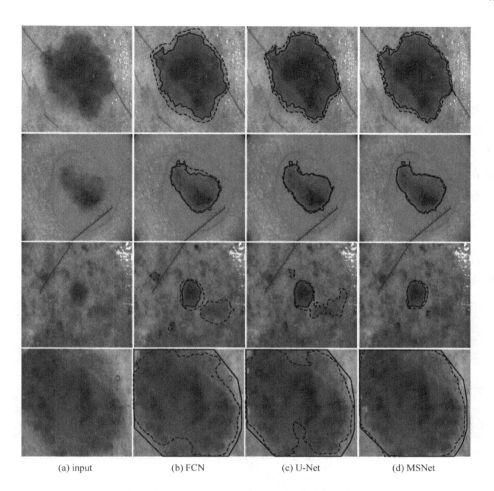

(a) input   (b) FCN   (c) U-Net   (d) MSNet

图 3 - 6   FCN、U-Net 和 MSNet 的分割示例

表 3.4   MSNet 与其他方法在 ISBI 2017 测试集上的分割结果对比

分割方法	JA	AC	SE	SP
Yading Yuan（1st）	0.765	0.934	0.825	0.975
MattBerseth（2nd）	0.762	0.932	0.820	0.978
Popleyi（3rd）	0.760	0.934	0.802	0.985
Euijoon Ahn（4th）	0.758	0.934	0.801	0.984
RECOD Tians（5th）	0.754	0.931	0.817	0.970
FCN	0.733	0.927	0.846	0.967
U-Net	0.751	0.927	0.813	0.979
MSNet	0.767	0.936	0.833	0.976

3.2.5 消融实验

本小节为扩展内容,供读者参考。为了验证多尺度特征融合分割网络的有效性,本研究对 MSNet 结构进行了定性和定量的消融实验。图 3-7 展示了网络输出的分割结果和网络各个阶段预测的皮损概率图。可以看出,使用网络浅层特征得到的边缘比较清楚,但预测的皮损中包含了很多噪声,这验证了网络浅层特征会包含丰富的细节信息,但也说明部分噪声属于细节信息,由于浅层特征语义信息不够,不足以辨别出这些噪声。网络深层得到的皮损则几乎不受噪声干扰,但皮损边界比较光滑。这验证了网络深层特征会包含丰富的语义信息,能够辨别背景噪声和皮损目标,但是由于缺乏细节信息,皮损边界不够准确。网络最终输出由多尺度融合特征预测得到,由第六列可以看出,网络最终提取的皮损不仅不受噪声影响,同时边界更加精确,分割结果更好。

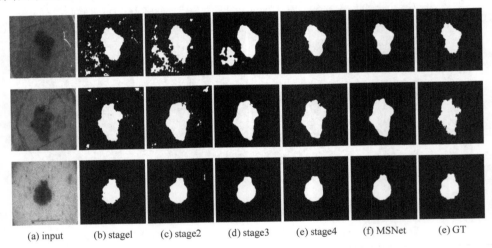

(a) input　　(b) stage1　　(c) stage2　　(d) stage3　　(e) stage4　　(f) MSNet　　(e) GT

图 3-7　网络各个阶段的输出和最终输出示例

表 3.5 展示了网络中各个阶段的输出和最终输出的分割指标对比。可以看出,从阶段 1 到阶段 4,JA 值分别为 0.496、0.665、0.723 和 0.763,分割结果一直在提升,这说明在当前网络中,深层特征由于比浅层特征包含更多的语义信息,能够辨别大部分背景噪声,对分割更加有效。融合多尺度特征后的最终输出取得了 0.767 的 JA 值,比任一阶段的 JA 值都高,这充分说明 MSNet 融合了深层语义信息和浅层细节信息,能够有效提高皮肤镜图像的分割结果。

表 3.5 网络各阶段的输出和最终输出在 **ISBI 2017** 测试集上的分割结果

输出	JA	DI	AC	SE	SP
stage1	0.496	0.603	0.854	0.627	0.937
stage2	0.665	0.762	0.905	0.750	0.964
stage3	0.723	0.814	0.924	0.793	0.976
stage4	0.763	0.847	0.935	0.823	0.979
MSNet	0.767	0.851	0.936	0.833	0.976

3.3 基于高分辨率特征图的皮肤镜图像分割

皮肤镜图像分割网络大多为基于自然图像的常用网络,并在此基础上进行适当的改进。但是这类常用网络大多存在特征图分辨率不断减小的过程,这会导致空间细节信息的丢失,从而降低所提取的皮损边界的精确程度。考虑到皮肤镜图像分割任务只有皮损和背景两类,相比类别数较多的自然图像,并不需要特别丰富的语义信息,因此网络设计过程中可以更多地考虑如何保留细节信息。为此,本节将介绍一种能够输出高分辨率特征图的新型分割网络(high-resolution feature network,HRFNet)。该方法结合了空间和通道维度的注意力机制,既能提取高层网络的语义信息,又能保留丰富的空间细节信息,并可抑制部分细节噪声,从而获得皮损清晰且边界精确的分割结果。

3.3.1 高分辨率特征图结构块

HRFNet 是基于高分辨率特征图结构块(HRF 块)构建而成的。HRF 块主要特点是不对特征图进行空间降维,其输出和输入的分辨率大小相同,因此能够很好地保留空间细节信息。此外,HRF 块使用了注意力机制来学习特征图中每个空间位置和每个通道的重要性,以增强重要特征,抑制背景噪声。图 3-8 展示了 HRF 块的内部结构,共包含三个分支:主干分支、空间注意力分支和通道注意力分支。

1. 主干分支

主干分支是一层 3×3 的卷积,其步长设为 1,因此其输出和输入特征图具有同样空间分辨率大小。当输入特征图的分辨率比较高时,主干分支便能够提取并保留空间细节信息,这对于精准提取皮损是十分有利的。然而,一些噪声干扰也属于细节

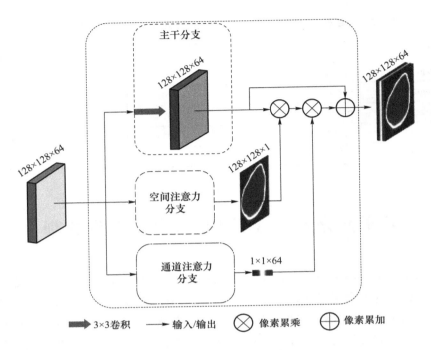

图 3 - 8　HRF 块的结构示意图

信息,可能被网络错误地判断为皮损区域。因此,HRF 块引入空间注意力信息来辨别皮损和背景,然后通过对皮损区域施加高权重,背景区域施加低权重,来抑制细节信息中的背景噪声。另外,该网络中的特征图由于空间分辨率比较高,受显存等限制,其通道数设置得比较低,在实验中设置为 64。相比其他网络中的 1024 或 2048 个通道,这里的通道数比较低,因此 HRF 块还引入了通道注意力机制来学习每个通道的重要性,然后对重要通道的特征进行增强。

2. 空间注意力分支

空间注意力分支是一种编码器-解码器的结构,如图 3 - 9 所示。编码器由 4 个连续的步长为 2 的 3×3 卷积层组成,因此感受野较大,能够提取上下文信息,有利于辨别皮损和背景。为了节省内存和计算资源,第一个卷积层将通道数减少了一半,只有 32。解码器部分由 4 个连续的步长为 1 的 3×3 卷积层组成,每个卷积层后面都跟随一个 2 倍的双线性插值层,用于将特征图的尺寸恢复到和输入同样大小。所有卷积层中,除了最后一个,都使用了批量归一化 BN 层和 ReLU 激活函数。最后一个卷积层使用 Sigmoid 激活函数,得到一张归一化的注意力响应图,该图代表了主干分支特征图上每个空间位置的重要性。

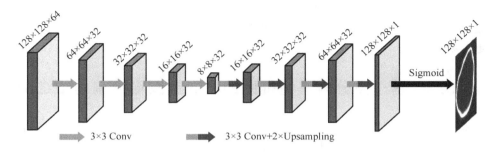

图 3 - 9　空间注意力分支的结构

3. 通道注意力分支

考虑到所提出的网络中的特征图具有比较高的分辨率,若直接使用 SENet 中通道注意力的全局平均池化操作,不能很好地提取全局的上下文信息。因此,本方法的通道注意力分支首先使用了 4 个连续的步长为 2 的 3×3 卷积层,用于提取上下文信息,然后再使用全局平均池化获得每个通道的描述值,最后将这些通道描述值输入到两个 FC 层,如图 3 - 10 所示。两个 FC 层形成一种"瓶颈"结构,其中第一个 FC 层对输入进行压缩,用于提取通道之间的相关性,第二个 FC 层则输出和通道数一致的向量,并且使用 Sigmoid 激活函数,得到归一化之后的向量,它描述了每个通道的重要性。

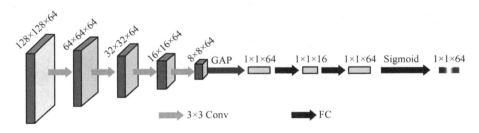

图 3 - 10　通道注意力分支的结构

4. 分支融合

主干分支中的特征图是 HRF 块中的主要信息,它会被另外两个分支输出的注意力信息加强。三个分支的融合过程可以用下式表示:

$$Z_{i,j,c}^{\text{out}} = X_{j,j,c}^{\text{detail}} + X_{j,j,c}^{\text{detail}} \bigotimes W_{j,j}^{\text{spatial}} \bigotimes W_c^{\text{channel}} \tag{3.10}$$

其中,$X_{j,j,c}^{\text{detail}}$ 表示主干分支中的特征图,i,j,c 分别代表第 c 个通道上的位置 (i,j),$i \in \{1,2,\cdots,H\}$,$j \in \{1,2,\cdots,W\}$,$c \in \{1,2,\cdots,C\}$。W^{spatial} 表示空间注意力分支输出的响应图,W^{channel} 表示通道注意力分支输出的向量。式(3.10)右边是逐元素相乘,主干分支中的特征图上每个通道的每个位置都会和注意力响应图上的相应位置进行相乘,每个通道上的所有位置都会和注意力向量中的相应值相乘。通过这种加权方式,可以对重要特征进行加强,使得特征在空间维度和通道维度上都进行了改进。另外,加权后的特征将会和原来的特征进行相加,这借鉴了 ResNet 中的残差思想,使得网络更容易被优化。

3.3.2 基于高分辨率特征图的皮肤镜图像分割网络结构

基于上述介绍的 HRF 块,本节方法设计了一种新型的皮肤镜图像分割网络 HRFNet,用于提取受噪声干扰小且边界精确的皮损区域,结构如图 3-11 所示。该网络首先为两个 3×3 的卷积层,中间为 K 个连续的 HRF 块,最后为一个 1×1 的卷积层。前面两个卷积层在其他网络中普遍存在,主要用于提取一些基础的边缘或纹理特征,另外步长都为 2,用来对输入图像进行降维,以节省内存消耗。BN 层和 ReLU 激活函数都有使用。后续的 HRF 块不对特征图进行降维,因此不用做其他修改便可以在网络中一直串联。最后的 1×1 卷积会输出具有两个通道的分数图,其中第一个通道代表了属于背景的分数,第二个通道代表了属于皮损的分数。通过比较每个像素位置上这两个通道的分数,可以得到一张缩小的皮损掩模。最后,使用一个 4 倍的双线性插值,将皮损掩模上采样到的图像和输入图像变为同样大小。

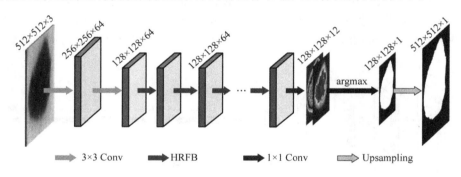

图 3-11　基于高分辨率特征图的皮肤镜图像分割网络

在 HRFNet 的结构中,输入皮肤镜图像的尺寸为 512×512,随后只有前两个卷积层进行降维,后续的特征图的分辨率一直维持在 128×128。相比于文献[8]和[9]中的 17×25 和 24×24 大小的特征图,这里设计的网络所产生的特征图具有更高的分辨率,因此能够保留更多的空间细节信息。另外,其他分割网络会有多层特征融合或者跳线连接等结构,以利用低层特征来弥补高层特征中的细节信息,但是增加了网络的复杂性。HRFNet 不需要类似的结构,因为高层特征图已经具有丰富的空间细节信息,因而不需要利用低层特征。

3.3.3 损失函数

皮肤镜图像分割是一个像素级别的二分类任务,皮损类别是人们更加关心的。

因此,在训练网络时,可以使用一个加权的二维交叉熵损失函数,用于增强皮损像素所提供的监督信息。具体表示如下:

$$L_{bce}(\hat{y}, y) = -\frac{1}{WH} \sum_{i=1}^{H} \sum_{j=1}^{W} \left[w_t y_{ij} \ln(\hat{y}_{ij}) + (1-w_t)(1-y_{ij})\ln(1-\hat{y}_{ij}) \right]$$

$$(3.11)$$

式中,$\hat{y}$代表预测的皮损概率图,y代表真实的皮损掩模,$y_{ij}=1$代表像素(i, j)属于皮损,$y_{ij}=0$代表该像素属于背景。W和H分别表示宽和高。w_t是一个超参数,用于对不同类别的像素的损失进行加权,在实验中被设置为0.75。

在每一个 HRF 块中,空间注意力分支都会产生一张响应图,表示特征图上每个空间位置的重要性。理想情况下,响应图应该和分割真值图是一样的,即皮损像素对应的响应值为 1,而背景像素对应的响应值为 0。因此,这里也计算了响应图和分割真值图之间的均方误差,这个误差也会在网络训练阶段进行反向传播,以优化注意力响应图。具体表示如下:

$$L_{mse}^k(w^k, y) = \frac{1}{WH} \sum_{i=1}^{H} \sum_{j=1}^{W} (w_{ij}^k - y_{ij})^2 \qquad (3.12)$$

式中,w^k代表网络中第 k 个 HRF 块所产生的注意力响应图,y代表真实的皮损掩模。W和H分别表示宽和高。

综上所述,最终的损失函数可表示为:

$$L_{train} = L_{bce} + \frac{1}{K} \sum_{k=1}^{K} L_{mse}^k \qquad (3.13)$$

式中,L_{bce}是网络输出部分的分割损失,L_{mse}^k是第 k 个 HRF 块产生的注意力响应图损失,K 指网络中的 HRF 块的数目。

3.3.4　分割实例分析

本节实验在公开数据集 ISBI 2017 上进行。与 3.2 节采取的数据扩充方式不同,由于旋转任意角度加平移可能会导致皮肤镜图像中的部分内容丢失,因此本节方法采用以下三种方式对数据进行扩充:①直接对图像进行水平或垂直翻转;②直接对图像旋转 90°、180°或 270°;③先对图像旋转 90°,然后再进行水平或垂直翻转。除了缩放、旋转和翻转,其他处理手段或扩充方式没有采用。实验中,测试图同样经过了以上方法的扩充,这样 1 张原始图可以扩充到 8 张图,最后的分割结果由这 8 张图的分割结果平均得到。

1. 与其他网络的性能对比

本节实验将 HRFNet 与其他两种常见的分割网络,即 FCN - 8s[1] 和 U-Net,进行对比。FCN 中将网络中间层和高层的特征进行了相加,U-Net 中则是直接将网络高层和低层的特征进行了合并。

　　图 3 - 12 为这三个网络的四张分割示例,其中第一列为输入图,后面几列中的实线代表真实皮损边界,而虚线则代表 HRFNet 和对比网络预测的皮损边界。可以看出,前两张输入图比较简单,皮损和背景比较分明。FCN 提取的皮损边界比较平滑,因为它使用了中间层和高层的特征来获得输出,而这些特征是低分辨率的,已经丢失了较多的边缘细节信息。U-Net 和 HRFNet 提取的皮损边界比较精确,因为 U-Net 利用了低层特征中的空间细节信息,而 HRFNet 一直通过高分辨率特征图来保留空间细节信息。第三张输入图背景复杂,可以看出 FCN 和 U-Net 都将部分噪声错误地预测为皮损,HRFNet 则由于注意力机制的作用而不受这些噪声影响。对于第四张输入图,FCN 和 U-Net 都产生了明显的欠分割,而 HRFNet 能检测出更多的皮损区域,分割结果更好。

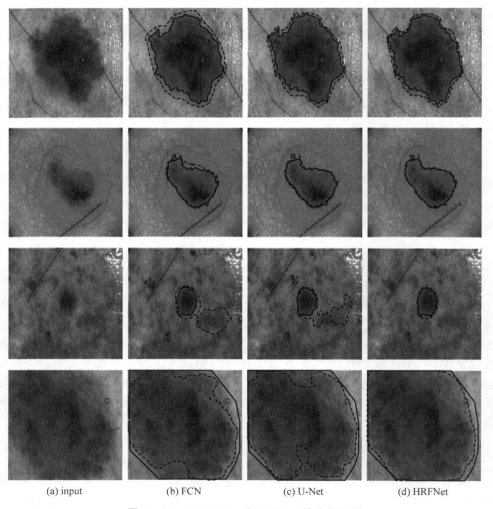

(a) input　　　　　(b) FCN　　　　　(c) U-Net　　　　　(d) HRFNet

图 3 - 12　FCN,U-Net 和 HRFNet 的分割示例

表 3.6 展示了这三个网络在 ISBI 2017 测试集上的分割结果。可以看出,FCN 和 U-Net 的 JA 值分别为 0.733 和 0.751,HRFNet 的 JA 值则为 0.783,比 FCN 高 0.05,比 U-Net 高 0.032,这充分验证了 HRFNet 在皮肤镜图像分割方面要优于 FCN 和 U-Net。

表 3.6　FCN、U-Net 和 HRFNet 在 ISBI 2017 测试集上的分割结果

网络	JA	DI	AC	SE	SP
FCN	0.733	0.823	0.927	0.846	0.967
U-Net	0.751	0.837	0.927	0.813	0.979
HRFNet	**0.783**	0.862	0.938	0.870	0.964

2. 与其他方法的性能对比

本节实验首先将 HRFNet 和其他文献[8]~[15]中的方法进行对比,这些方法都是目前在 ISBI 2017 测试集上取得较好结果的方法,其中方法[8]是当时挑战赛上的第一名。除了方法[11]是基于显著性的传统方法,其他方法都基于深度学习。文献[10]提出了一种全分辨率网络,其思想和本文很接近,但是没有利用注意力分支去改善特征。

表 3.7 展示了上述方法的分割结果,其中对比方法的指标均来源于原始论文。可以看出,基于深度学习的分割算法都要优于传统方法[11],本节介绍的 HRFNet 取得了最高的 JA 值。

表 3.7　和其他方法在 ISBI 2017 测试集上的分割结果对比

方法	JA	DI	AC	SE	SP
Jahanifar,et al.[11]	0.749	0.839	0.930	0.810	0.981
Yuan,et al.[8]	0.765	0.849	0.934	0.825	0.975
Vesal,et al.[12]	0.767	0.851	0.932	0.932	0.905
Tschandl,et al.[13]	0.770	0.853	—	—	—
Al-Masni,et al.[10]	0.771	—	0.940	0.854	0.967
Li,et al.[14]	0.772	0.856	0.936	0.854	0.972
Mirikharaji,et al.[9]	0.773	0.857	0.938	0.973	0.855
Bi,et al.[15]	0.777	0.857	0.862	0.967	0.941
HRFNet	**0.783**	0.862	0.938	0.870	0.964

公开数据集 ISBI 2016 和 PH2 也常用于皮肤镜图像分析,本节实验也在这两个数据集上进行了对比。为了公平比较,实验按照方法[8]和[15]中的步骤,在 ISBI 2016 训练集上重新训练了网络,并在 ISBI 2016 测试集和 PH2 数据集上进行测试,分割结果分别展示在表 3.8 和表 3.9 中。表 3.7 中的一些方法没有在文献中给出在这两个数据集上的结果,因此它们在表 3.8 和表 3.9 中没有被展现。可以看出,方法[15]和 HRFNet 都取得了比其他方法更好的结果。相比于[15],HRFNet 在 ISBI 2017 数据集上的效能更优,在 ISBI 2016 和 PH2 数据集上的结果近似,另外考虑到方法[15]使用了形态学后处理来改善网络直接产生的分割结果,因此从网络实际性能来看,HRFNet 要优于方法[15]中的网络。

表 3.8　和其他方法在 ISBI 2016 测试集上的分割结果对比

方法	JA	DI	AC	SE	SP
FCN	0.814	0.886	0.941	0.917	0.949
Yu,et al.[16]	0.829	0.897	0.949	0.911	0.957
ISBI 2016 1st	0.843	0.910	0.953	0.910	0.965
Bi,et al.[17]	0.846	0.912	0.955	0.922	0.965
Yuan,et al.[8]	0.847	0.912	0.955	0.918	0.966
Bi,et al.[15]	**0.859**	0.918	0.958	0.931	0.961
HRFNet	**0.858**	0.918	0.938	0.870	0.964

表 3.9　和其他方法在 PH2 数据集上的分割结果对比

方法	JA	DI	AC	SE	SP
FCN	0.822	0.894	0.935	0.931	0.930
Bi,et al.[17]	0.840	0.907	0.942	0.949	0.940
Yuan,et al.[8]	—	0.915	—	—	—
Al-Masni,et al.[10]	0.848	—	0.951	0.937	0.957
Bi,et al.[15]	**0.859**	0.921	0.953	0.962	0.945
HRFNet	**0.857**	0.919	0.949	0.963	0.942

3.3.5　消融实验

本小节为扩展内容,供读者参考。

1. HRF 块定性验证

HRF 块中有三个分支,主干分支输出高分辨率特征图,另外两个分支分别输出注意力响应图和注意力向量,用于抑制噪声,改善主干分支中的特征图。下面通过消融实验来验证这两个注意力分支。这里有四个模型:上面介绍的完整模型(D_S_C)以及三个变化后的模型,包括只去掉了空间注意力分支的 D_C 模型,只去掉了通道注意力分支的 D_S 模型,以及同时去掉两个注意力分支的 D 模型。

图 3－13 展示了上述四个模型分割的一些示例。可以看出,当只有主干分支时,能够提取很多边缘,说明网络中保留了较多空间细节信息。但是,很多噪声干扰也属于细节信息,会被错误地预测为皮损区域。D_C 中的主干分支结合了通道注意力分支,分割结果有所改善,但仍然受噪声影响。D_S 和 D_S_C 中都使用了空间注意力分支,可以看出,噪声几乎都被抑制,获得了干净且边界准确的皮损。

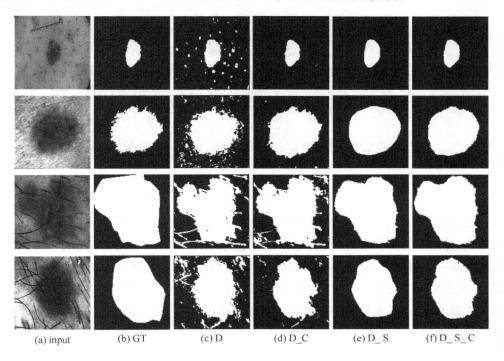

　　(a) input　　　　(b) GT　　　　(c) D　　　　(d) D_C　　　　(e) D_S　　　　(f) D_S_C

图 3－13　HRF 和其变化版本的分割示例

空间注意力响应图表示了特征图中每个空间位置的重要性。在完整模型 D_S_C 中共有 4 个 HRF 块,每个 HRF 块都会产生一张响应图。图 3－14 展示了图 3－13 中每张输入图所对应的 4 张响应图,由此可以看出,皮损区域响应值高,背景区域响应值低。因此,在使用了空间注意力后,皮损区域的特征会被加强,背景区域的特征会被削弱,因此背景中的噪声就能被抑制,如图 3-13 中的后两列所示。

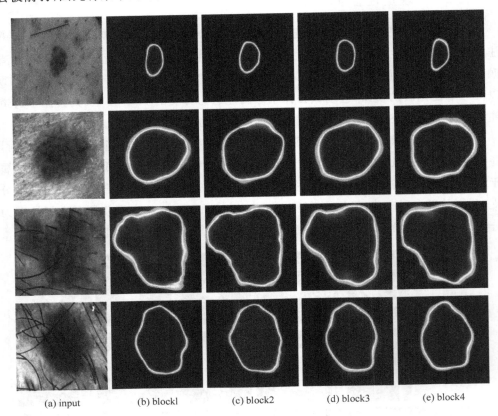

(a) input (b) block1 (c) block2 (d) block3 (e) block4

图 3-14 四个 HRF 块产生的空间注意力响应图

通道注意力向量表示特征图中每个通道的重要性。网络中的 HRF 块使用了 64 个通道,每维通道都有对应的注意力响应值。这里以第四 HRF 块中的特征进行分析。图 3-15 展示了 10 个通道的特征图,且按照注意力响应值从低到高排序,也就是说,最左边的五张特征图对应最低的 5 个响应值,可以认为是 64 维里面最不重要的 5 个通道,而最右边的特征图对应最高的 5 个响应值,可以认为是 64 维里面最重要的 5 个通道。可以看出,响应值高的特征图能够更清楚地描述皮损,响应值低的特征图存在一些噪声干扰。因此,在使用了通道注意力以后,重要通道会被增强,而受干扰通道会被抑制,这提高了特征的鲁棒性。

2. HRF 块定量验证

对 HRF 块的分割结果进行定量分析,表 3.10 为上述四个模型在 ISBI 2017 测试集上的分割结果。另外,这里的通道注意力分支基于 SENet 中的注意力机制而改

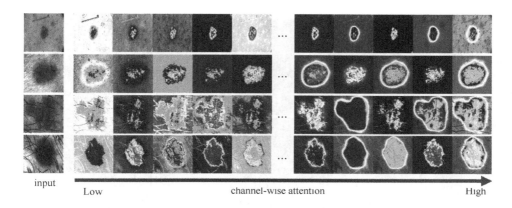

input　　Low　　　channel-wise attention　　　High

图 3 - 15　第四个 HRF 块中的特征图,按通道响应值从低到高排序

进,为了验证改进的效果,将完整模型中的注意力分支换成了 SENet 中的结构,且模型命名为 D_S_C2,它的分割结果也展示在了表 3.10 中。可以看出,只有主干分支的模型 D 取得了 0.523 的 JA 值;分别加上通道注意力分支和空间注意力分支以后,JA 值提升到 0.670 和 0.767。然后,完整模型取得了最高的 0.783 的 JA 值,并超过了 D_S_C2 的 0.771,这验证了 HRF 块中空间注意力和通道注意力机制的有效性。

表 3.10　不同 HRF 块在 ISBI 2017 测试集上的分割结果

方法	JA	DI	AC	SE	SP
D	0.523	0.634	0.810	0.789	0.836
D_C	0.670	0.767	0.913	0.775	0.946
D_S	0.767	0.851	0.935	0.855	0.970
D_S_C2	0.771	0.851	0.936	0.844	0.965
D_S_C	**0.783**	0.862	0.938	0.870	0.964

为了进一步验证 HRF 块在复杂皮肤镜图像上的分割性能,我们从测试集中人为挑选了 20 张受噪声干扰严重的皮肤就图像,如图 3 - 16 所示。表 3.11 是上述四个模型在这 20 张复杂图像上的分割结果,可以看出,依然是完整模型 D_S_C 取得了最好的分割结果。另外,相比于表 3.10,可以发现,模型 D 和 D_C 的 JA 值至少下降了 12.7%,而模型 D_S 和 D_S_C 的 JA 值只下降了大约 3%。这进一步说明,所设计的空间注意力分支确实能有效减少噪声带来的干扰,在复杂皮肤镜图像上也具有很好的鲁棒性。

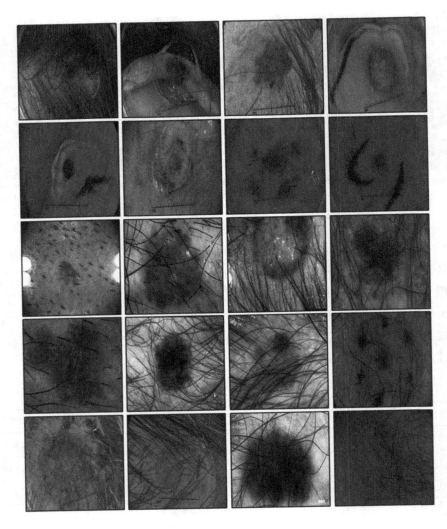

图 3 - 16 人为挑选的 20 张复杂皮肤镜图像

表 3.11 不同 HRF 块在 20 张复杂图像上的分割结果

方法	JA	DI	AC	SE	SP
D	0.396	0.527	0.835	0.705	0.884
D_C	0.491	0.624	0.869	0.713	0.873
D_S	0.740	0.830	0.954	0.894	0.976
D_S_C	**0.752**	0.837	0.952	0.884	0.971

本章小结

面向皮肤镜图像的自动化诊断流程中,皮损边界的精确分割具有十分重要的意义。针对神经网络易漏检小皮损目标、高层特征细节信息不足和特征图分辨率降低等问题,本章分别介绍了三种用于皮肤镜图像分割的先进算法。以上方法基于卷积神经网络的原理及框架,有效地分离了健康皮肤区域和皮损区域,取得了优于其他主流算法的精确皮损边界。

对皮肤镜图像病灶区域的准确分割,能够为后续皮损类别分析提供可靠依据,帮助皮肤科医生做出更准确的诊断决策。虽然当前算法提取了相对精确的皮损边界,但仍受到特定数据条件的制约,例如皮肤镜图像采集过程中光照、气泡、毛发或边界模糊等干扰,大大增加了皮肤镜图像的标注难度,影响后续网络的训练过程。因此,可通过向网络方法引入标注粒度、质量等级等因素,选择性地利用标注所包含的监督信息,进一步探索提高皮损分割精度的可能性。

本章主要参考文献

［1］ Long J, Shelhamer E, Darrell T. Fully convolutional networks for semantic segmentation ［C］// 2015 IEEE Conference on Computer Vision and Pattern Recognition (CVPR). IEEE, 2015: 3431 - 3440.

［2］ Simonyan K, Zisserman A. Very deep convolutional networks for large - scale image recognition ［J］. arXiv preprint arXiv:1409. 1556, 2014.

［3］ Gregg S J, Sing K S W, Salzberg H W. Adsorption surface area and porosity［J］. Journal of The Electrochemical Society, 1967, 114(11): 279C - 279C.

［4］ Gutman D, Codella N C F, Celebi E, et al. Skin lesion analysis toward melanoma detection: A challenge at the international symposium on biomedical imaging (ISBI) 2016, hosted by the international skin imaging collaboration (ISIC)［J］. arXiv preprint arXiv:1605. 01397, 2016.

［5］ Chen L C, Papandreou G, Kokkinos I, et al. Deeplab: Semantic image segmentation with deep convolutional nets, atrous convolution, and fully connected crfs［J］. IEEE Transactions on Pattern Analysis and Machine Intelligence, 2017, 40(4): 834 - 848.

［6］ The International Skin Imaging Collaboration. ISIC 2016 Challenge［EB/OL］. 2016［2022 - 06 - 16］. https://challenge. isic - archive. com/leaderboards/2016/.

［7］ Codella N C F, Gutman D, Celebi M E, et al. Skin lesion analysis toward melanoma detection: A challenge at the 2017 international symposium on biomedical imaging (isbi), hosted by the international skin imaging collaboration (isic)［C］//2018 IEEE 15th International Symposium on Biomedical Imaging (ISBI). IEEE, 2018: 168 - 172.

[8] Yuan Y, Chao M, Lo Y C. Automatic skin lesion segmentation using deep fullyconvolutional networks with jaccard distance[J]. IEEE Transactions on Medical Imaging, 2017, 36(9): 1876 - 1886.

[9] Mirikharaji Z, Hamarneh G. Star Shape Prior in Fully Convolutional Networks for Skin Lesion Segmentation [C]//International Conference on Medical Image Computing and Computer - Assisted Intervention, Springer, Cham, 2018: 737 - 745.

[10] Al-Masni M A, Al-antari M T, Choi M T, et al. Skin lesion segmentation in dermoscopy images via deep full resolution convolutional networks[J], Computer Methods and Programs in Biomedicine, 2018, 162(1): 221 - 231.

[11] Jahanifar M, Tajeddin N Z, Asl B M, et al. Supervised saliency map driven segmentation of lesions in dermoscopic images[J]. IEEE Journal of Biomedical and Health Informatics, 2019, 23(2): 509 - 518.

[12] Vesal S, Ravikumar N, Maier A. SkinNet: A deep learning framework for skin lesion segmentation [C]//2018 IEEE Nuclear Science Symposium and Medical Imaging Conference Proceedings (NSS/MIC). IEEE, 2018: 1 - 3.

[13] Tschandl P, Sinz C, Kittler H. Domain - specific classification - pretrained fully convolutional network encoders for skin lesion segmentation[J]. Computers in Biology and Medicine, 2019, 104(1): 111 - 116.

[14] Li X, Yu L, Fu C W, et al. Deeply supervised rotation equivariant network for lesion segmentation in dermoscopy images[M]//OR 2. 0 Context - Aware Operating Theaters, Computer Assisted Robotic Endoscopy, Clinical Image - Based Procedures, and Skin Image Analysis, Springer, 2018: 235 - 243.

[15] Bi L, Kim J, Ahn E, et al. Step - wise integration of deep class - specific learning fordermoscopic image segmentation[J]. Pattern Recognition, 2019, 85(1): 78 - 89.

[16] Yu L, Chen H, Dou Q, et al. Automated melanoma recognition indermoscopy images via very deep residual networks [J]. IEEE Transactions on Medical Imaging, 2017, 36(4): 994 - 1004.

[17] Bi L, Kim J, Ahn E, et al. Dermoscopic image segmentation via multistage fully convolutional networks[J]. IEEE Transactions on Biomedical Engineering, 2017, 64(9): 2065 - 2074.

[18] 范海地. 皮肤镜图像黑素瘤分类算法研究[D]. 北京: 北京航空航天大学宇航学院, 2017.

[19] 杨加文. 皮肤镜图像分割算法研究[D]. 北京: 北京航空航天大学宇航学院, 2019.

[20] Deng Z, Fan H, Xie F, et al. Segmentation ofdermoscopy images based on fully convolutional neural network[C]//2017 IEEE International Conference on Image Processing (ICIP). IEEE, 2017: 1732 - 1736.

[21] Xie F, Yang J, Liu J, et al. Skin lesion segmentation using high - resolution convolutional neural network[J]. ComputerMethods and Programs in Biomedicine, 2020, 186: 105241.

第 4 章

基于卷积神经网络的
皮肤镜图像分类

基于卷积神经网络的分类方法采用端到端的学习模式,忽略人工设计的预处理和特征提取步骤,直接由图像自身得到分类结果,减少了步骤间的累积误差,分类性能较传统的皮肤镜图像辅助诊断流程更加出色,因而在皮损复杂多变的临床场景中具有更高的实用价值。

考虑当前皮肤病分类领域主流的研究方向和临床场景中的实际需求,本书将皮肤病分类问题划分为两大任务:皮肤肿瘤的良恶性分类和皮肤疾病的多分类。本章将围绕以上两个任务的研究主题,依次介绍四种基于深度学习的皮肤病辅助诊断方法,并展示各个方法的分类实例和分析结果。

4.1 基于区域池化的皮肤镜图像良恶性分类

恶性黑色素细胞瘤(malignant melanoma,MM)是皮肤病中致死率最高的疾病,早期的精确诊断可以显著提升患者的生存率[1]。如今,皮肤肿瘤良恶性分类的研究已经取得了诸多进展,但依然存在数据或技术层面所带来的一系列挑战。为了解决样本数据量小、图像背景复杂、良恶性样本数量悬殊等问题,本节将介绍一种基于区域池化的皮肤镜图像分类方法,通过引入包含分割信息的区域池化层,提升网络的分类准确度,同时采用基于 AUC 的分类器,降低样本分布不均对网络性能的负面影响。

4.1.1 区域池化层

对于常规的深度学习分类网络,为了降低网络最后一层全连接层的参数量,设计者通常以图 4-1(a)的方式对最后一个卷积层输出的特征图做全局平均池化,使得每张特征图的均值作为一个特征点输入最终的全连接分类器。而图 4-1(b)所示的区域池化层则需要两个输入,除了最后一个卷积层输出的特征图外,还需要训练一个用于分割的卷积层,该卷积层的训练标签为图像分割真值图,卷积层的分割结果将作为原特征图的掩模用于区域池化,即区域池化层仅对分割结果为皮损的区域计算均值。

与原始全局平均池化相比,区域池化有两个优点:①网络将不仅接收图像的良恶性标签信息,还将得到图像的分割信息,这使得网络从单一任务转变为多任务,网络提取到的特征将具有更丰富的表达能力;②仅在皮损区域取平均与传统方法先分割再提特征的做法类似,能够在数据量较少的情况下,减少背景、毛发和人工标记物的干扰,提高分类准确度。

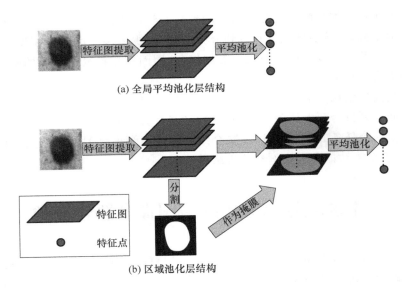

(a) 全局平均池化层结构

(b) 区域池化层结构

图 4 - 1　区域池化层结构示意图

4.1.2　基于 AUC 的分类器训练

由于不同疾病的发病率差异悬殊,医院采集到的图像数据集往往存在严重的样本分布不均的问题,一些常见病种已经积累上万个病例,某些病种可能只收集到几十例。这种情况在各种皮肤镜图像数据集上同样存在,许多公开数据集中良性黑素瘤图像的数量是恶性黑素瘤图像的 10 倍甚至更多。样本分布的严重不均通常会影响训练得到的分类器的准确性,尤其对于基于均方误差或交叉熵等损失函数的分类器,严重的样本分布不均会导致分类器倾向于将样本判别为比例更大的那一类,以提高分类器总体的准确率,但对于占比较少的类别,分类器在该类别的准确率甚至可能接近于零。

为了解决这一问题,一种常用的方法是对占比较少的类别进行数据扩充,如单纯的数据复制法和 SMOTE(synthetic minority oversampling technique)算法[2],文献[3]对使用数据扩充方法解决样本分布不均问题作了全面的总结。数据扩充方法的缺点在于增加了样本总量,对于深度学习方法会明显增加训练时间。另一种方法则是使用对样本分布不均不敏感的分类器,例如 SVM 算法,但 SVM 算法在大数据量时训练速度较慢,且与深度学习使用的梯度下降法难以耦合。

基于均方误差或交叉熵等损失函数的分类器在训练样本分布不均时表现不佳,主要原因在于这些损失函数在设计时没有考虑到不同种类样本间的比例问题。如果网络使用不受样本分布影响的损失函数,则训练得到的网络模型就不会出现上述问题,对各类样本的准确率差异不会过于悬殊。

对于良恶性分类这个二分类问题,AUC 指标相比准确率能够更公平地衡量网络的性能,不受样本分布和分类阈值的影响。从 ROC 曲线上看,AUC 指标代表分类器 ROC 曲线下所覆盖的面积。从概率上看,AUC 指随机从正样本集和负样本集中各取一个样本,正样本的分类得分高于负样本的概率。

　　卷积神经网络通过梯度下降法训练,由于 AUC 指标无法直接求导生成梯度,我们使用 RankOpt 方法[4]解决这一问题。该方法设计了基于 AUC 值的可求导的损失函数,用于分类器的训练。将恶性样本作为正样本,良性样本作为负样本,令 P 和 Q 分别代表正负样本数量(由于恶性样本数量较少,$P<Q$),x_i^+ 为正样本中第 i 个样本的特征向量,x_j^- 为负样本中第 j 个样本的特征向量,则对于线性分类器权重向量 $\boldsymbol{\beta}$,其 AUC 值的计算公式可表示为:

$$\text{AUC}(\boldsymbol{\beta}) = \frac{1}{PQ}\sum_{i=1}^{P}\sum_{j=1}^{Q}g(\boldsymbol{\beta}\cdot(x_i^+ - x_j^-)) \tag{4.1}$$

式中,

$$g(x)=\begin{cases} 0, & x<0 \\ 0.5, & x=0 \\ 1, & x>0 \end{cases} \tag{4.2}$$

　　由于函数 $g(x)$ 不可导,无法直接使用梯度下降法优化权重 $\boldsymbol{\beta}$,因此使用 sigmoid 函数 $s(x)=1/(1+e^{-x})$ 代替 $g(x)$,替换后的函数可表示为:

$$R(\boldsymbol{\beta}) = \frac{1}{PQ}\sum_{i=1}^{P}\sum_{j=1}^{Q}s(\boldsymbol{\beta}\cdot(x_i^+ - x_j^-)) \tag{4.3}$$

　　由于 $\lim\limits_{|x|\to\infty}s(x)=g(x)$,为了使 $R(\boldsymbol{\beta})$ 尽量逼近 $\text{AUC}(\boldsymbol{\beta})$,$\|\boldsymbol{\beta}\|$ 需要尽量地大。根据公式(4.1)及公式(4.2),分类器的 AUC 值仅与权重向量 $\boldsymbol{\beta}$ 的方向有关,与其幅值无关。因此,可以将向量 $\boldsymbol{\beta}$ 限制在一个超球面内,每次迭代仅改变其方向,$\|\boldsymbol{\beta}\|$ 始终保持为一个较大的常数 B,保证 $R(\boldsymbol{\beta})$ 始终逼近 $\text{AUC}(\boldsymbol{\beta})$。此时分类器的最佳权重 $\boldsymbol{\beta}_{\text{opt}}$ 可用以下公式表述:

$$\boldsymbol{\beta}_{\text{opt}}=\text{argmax}\,R(\boldsymbol{\beta}), \quad \text{s. t. }\|\boldsymbol{\beta}\|=B \tag{4.4}$$

式(4.3)对第 k 个权重 $\boldsymbol{\beta}_k$ 的偏导数为:

$$\frac{\partial R(\boldsymbol{\beta})}{\partial \boldsymbol{\beta}_k} = \frac{1}{PQ}\sum_{i=1}^{P}\sum_{j=1}^{Q}s(\boldsymbol{\beta}\cdot(x_{ik}^+ - x_{jk}^-))\cdot(1-s(\boldsymbol{\beta}(x_{ik}^+ - x_{jk}^-)))\cdot(x_{ik}^+ - x_{jk}^-)$$

$$\tag{4.5}$$

　　另外,为了保证 $\|\boldsymbol{\beta}\|=B$,在每次迭代后都需要将 $\boldsymbol{\beta}$ 的幅值重新缩放为 B,以保证 $R(\boldsymbol{\beta})$ 始终逼近 $\text{AUC}(\boldsymbol{\beta})$。

4.1.3　分类实例分析

　　本节实验使用公开数据集 ISBI 2017 对本算法做检验评价,该数据集包含 2000 张训练集图像(1626 张良性,374 张恶性)和 600 张测试集图像(483 张良性,117 张恶性),图像中黑素瘤的良恶性同时由数据集给出。

所有网络均使用随机梯度下降法训练,训练时动量为 0.9,权重衰减为 0.005,每次训练 10 张图像。为了保证网络在训练时容易收敛,先以 10^{-8} 的初始学习率训练分割网络,每经过 4 000 次迭代后将学习率缩减为之前的 0.01 倍,共训练 16 000 次迭代。在分割网络训练完成后,再利用分割网络进行分类网络的训练,初始学习率为 0.001,每经过 4 000 次迭代后将学习率缩减为之前的 0.1 倍。

1. 区域池化效果实验

为了验证使用区域池化层的有效性,本节基于两种常用的分割网络 FCN32[5] 和 resNext[6],分别比较它们在使用常见的全局平均池化层和本文提出的区域池化层时分类性能的差距。表 4.1 展示了不同池化层的分类性能对比,其中 AVE 和 REG 分别代表全局平均池化层和区域池化层。可以看到,对于两种网络来说,使用区域池化层均能够明显提高网络的分类能力。此外,resNext 结构性能总体优于 FCN32,且取得了更高的分类敏感度。

表 4.1　各网络结构使用不同池化层分类性能对比

网络结构	敏感度/%	特异度/%	准确率/%	AUC/%
FCN32+AVE	25.64	94.41	81.00	77.44
FCN32+REG	32.48	93.58	81.67	80.12
resNext+AVE	52.99	86.96	80.33	79.73
resNext+REG	51.28	89.03	81.67	80.36

2. 基于 AUC 的分类器性能实验

为了验证基于 AUC 的分类器的有效性,本节在上述两种网络使用区域池化层的基础上,分别对比了使用传统全连接层 FC 和基于 AUC 分类器的分类性能。FC 表示使用传统全连接层,AUC 表示使用基于 AUC 的分类器。表 4.2 的实验结果显示,基于 AUC 的分类器能够显著提高网络分类结果的 AUC 值,减少良恶性种类分布不均对算法临床性能的影响。

表 4.2　不同分类器性能实验

网络结构	敏感度/%	特异度/%	准确率/%	AUC/%
FCN32+REG+FC	32.48	93.58	81.67	80.12
FCN32+REG+AUC	34.19	93.17	81.67	81.03
resNext+REG+FC	51.28	89.03	81.67	80.36
resNext+REG+AUC	53.84	88.81	82.00	81.57

4.2 基于 EfficientNet 的红斑鳞屑性皮肤病多分类

红斑鳞屑性皮肤病是一类炎症性皮肤病的总称，主要临床症状为红斑、斑丘疹、斑块，皮肤表面常伴有银白色的鳞屑附着。以银屑病为例，它与其他红斑鳞屑性皮肤病（如湿疹、扁平苔藓等）具有十分相似的临床表现，治疗方案却存在较大差异，因此临床上需要明确的鉴别，以针对患者制定正确的治疗方案。本节将介绍一种基于 EfficientNet 的红斑鳞屑性皮肤病分类方法，包含模型的网络框架和损失函数，最终对比并展示该方法与专业皮肤科医生的诊断结果。

4.2.1 骨干网络框架

本研究的网络框架依赖于 EfficientNets[7]。此模型族包含八个不同的模型，它们在网络结构上相似，由相同的组块组成，组成的模块数随着网络级别的增大而增大。

网络族包含 B0～B7 共 8 个模型，输入大小从 224×224 到 600×600。最小版本 B0 使用标准输入大小 224×224，直到 B7，逐步扩大了网络宽度（每层的特征映射数）和网络深度（层数）。网络的输入越小，细节丢失越严重；网络的输入越大，则受到计算机算力的限制越大。考虑到 B4 具有中等大小的输入，不会损失过多图片细节，且计算速度适中，因此用 EfficientNet - B4 模型作为骨干网络。图 4 - 2 展示了 EfficientNets - B4 的网络结构，输入皮损图像大小为 380×380，经过一个根结构（Stem）、七个组块（Block）和一个输出层（Final layer），最后输出皮损类型预测。

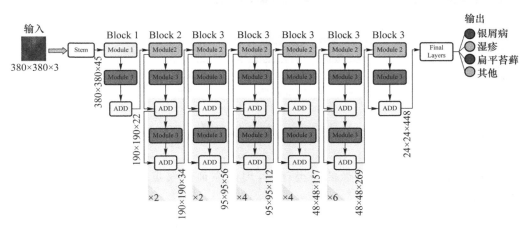

图 4 - 2 EfficientNets - B4 网络结构

　　图 4 - 3 展示了 EfficientNets - B4 网络结构的组件。根结构包含尺度变化层、归一化层和二维卷积层，主要用于提取输入图像特征。七个组块使用简单而高效的复合系数以更结构化的方式放大 CNN，综合了宽度、深度和分辨率三个维度，提高了模型的整体性能。每个组块由三种模块（Module）组成，各模块的作用如下：

　　① 模块 1，子组块的起点；

　　② 模块 2，除第一个模块外的所有七个主要模块的第一个子组块的起点；

　　③ 模块 3，跳跃连接到所有的子组块。

　　这些模块被进一步组合成子组块，并将以如下方式连接：

　　① 子组块 1，第一个组块中的第一个子组块；

　　② 子组块 2，所有其他组块中的第一个子组块；

　　③ 子组块 3，所有组块中除第一个外的任何子组块。

　　EfficientNet 中每个组块的三种模块分别负责第一个组块的起点、其他六个主要组块起点以及跳跃连接所有子组块。根据网络模型的不同，组成的模块数随着网络级别的增大而增大。最终数据进入输出层，其包含卷积层、批归一化层等结构，用于在指定任务下输出最终预测结果。

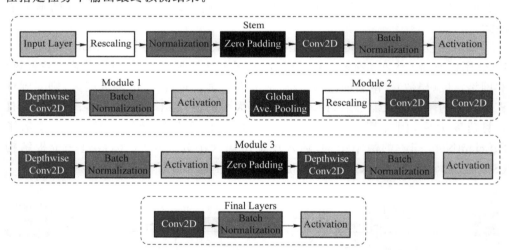

图 4 - 3　EfficientNet - B4 网络组件

4.2.2　损失函数

　　本方法研究皮肤镜图像的分类任务，因此在训练权重时使用交叉熵损失函数[8]，即：

$$\text{loss} = \frac{1}{n}\sum_{i=1}^{n}\left[y_i\ln(\hat{y}_i) + (1-y_i)\ln(1-\hat{y}_i)\right] \tag{4.6}$$

式中，n 是每批中的训练样本数，y_i 表示训练样本 i 的实际标签，$\hat{y}_i$ 表示对应于在 0

到 1 范围内预测的每类可能性。通过降低损失函数的值,该模型获得了一组使预测概率分布和训练集中概率分布之间的差异最小化的最优权重。

由于不同疾病在人群中的发病率不同,数据集通常存在类别不平衡问题。为了防止训练权重偏向多数类,并失去少数类的样本特征,通过在交叉熵损失函数中引入类别权重来解决该问题:

$$\text{loss}_{\text{weighted}} = \frac{1}{n} \sum_{i=1}^{n} w_{i,c} \left[y_i \ln(\hat{y}_i) + (1 - y_i) \ln(1 - \hat{y}_i) \right] \tag{4.7}$$

$$w_{i,c} = \frac{1}{c \text{ 类的样本总量}} \tag{4.8}$$

式中,$w_{i,c}$ 将训练样本加权为类别频率的倒数。在训练过程中,模型为来自少数类的图像分配了更多的权重。通过在训练过程中修正模型的偏差,减少了少数类的分类错误,从整体上提高了模型的性能。

4.2.3 分类实例分析

本研究的数据集包含五种易混淆的红斑鳞屑性皮肤病:银屑病、湿疹、扁平苔藓、玫瑰糠疹及脂溢性皮炎。训练集所有皮肤镜图像均连续采集于 2018 年至 2019 年北京协和医院皮肤科门诊,患者均为中国人,由同一操作员使用 MoleMax HD 1.0 dermoscope (derma medical systems, Vienna, Austria)采集。图像纳入标准包括:①两名资深皮肤科专家独立结合临床表现、病史、皮肤镜图像等诊断病例,达成一致后纳入;②排除拍摄模糊、遮挡严重、曝光过度及偶然出现的非主诊断皮损等图像;③排除头皮、指甲及黏膜等特殊部位的皮损。

表 4.3 展示了数据集的总体信息。训练集中包含 1 166 个患者,每名患者有 5～7 张不同角度、不同光线的皮损图像,共收集了 7 033 幅图像用于训练模型。测试集包含 90 个患者,每名患者采集一张皮损图像,共收集了 90 幅图像用于测试。训练集和测试集不交叉,即来自某一患者的数据不会同时出现在训练集和测试集中,以确保测试结果的可靠性。

表 4.3 实验数据集总览

疾病类别	训练集		测试集	
	病例数	图像数	病例数	图像数
1. 银屑病	352	2 266	28	28
2. 湿疹	482	2 765	22	22
3. 扁平苔藓	140	898	15	15
4. 其他	192	1 104	25	25
4.1 脂溢性皮炎	40	199	16	16
4.2 玫瑰糠疹	152	905	9	9
总计	1 166	7 033	90	90

本研究使用敏感性、特异性、准确性、Kappa 系数以及接受者操作特征（receiver operating characteristic，ROC）曲线来评价分类任务的性能。其中敏感性、特异性和准确性已在 3.1.2 节定义。

Kappa 系数用来衡量分类精度的一致性[9]，公式如下：

$$\text{Kappa} = \frac{p_o - p_e}{1 - p_e} \tag{4.9}$$

式中，p_o 是观测一致率，即总体分类精度；p_e 是期望一致率，假设每一类的真实样本个数分别为 $a_1, a_2, \cdots, a_C$，预测的每类样本个数分别为 $b_1, b_2, \cdots, b_C$，总样本个数为 n，TP、TN、FP、FN 分别代表真阳性、真阴性、假阳性、假阴性的样本数量，则 p_o 和 p_e 可分别表示为：

$$p_o = \frac{\text{TN} + \text{TP}}{\text{TN} + \text{FP} + \text{FN} + \text{TP}} \tag{4.10}$$

$$p_e = \frac{a_1 \times b_1 + a_2 \times b_2 + \cdots a_C \times b_C}{n \times n} \tag{4.11}$$

Kappa 大于 0.75 代表模型具有良好的一致性，在 0.40～0.75 之间代表中等的一致性，小于 0.40 表明模型的一致性较差。

ROC 曲线可用于衡量模型的分类性能，图像的横轴为负正类率 FPR、纵轴为真正类率 TPR，如图 4-4 所示。曲线越接近于左上角，分类结果越好。

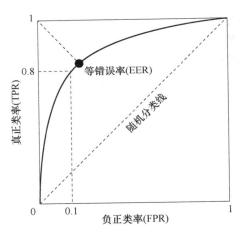

图 4-4　分类任务评价指标 ROC 曲线

1. 自动分类方法对比实验

为了验证 EfficientNet 在红斑鳞屑性皮肤病分类任务中的优越性，本节实验首先对比 EfficientNet-B4 和五类常用于皮肤病诊断研究的自动分类方法，包括 VGG16[10,11]，ResNet50[12,13]，InceptionV3[14,15]，DenseNet[16] 和 SENet[17]。表 4.4 展示了上述几种方法在训练集上采用五折交叉验证的平均敏感性、平均特异性以及相应的标准差。可以看出,EfficientNet – B4 对四类红斑鳞屑性皮肤病的平均敏感性为 88.9%±1.4%,平均特异性为 96.8%±0.4%,在六种自动分类方法中结果最优。

表 4.4 自动分类方法对比结果 %

方法	平均敏感性	平均特异性
VGG16	85.7±2.2	93.8±1.3
ResNet50	86.0±2.0	93.8±1.0
InceptionV3	86.8±0.4	94.2±1.1
DenseNet	88.6±0.9	96.5±0.6
SENet	88.4±1.2	96.2±0.2
EfficientNet – B4	88.9±1.4	96.8±0.4

2. EfficientNet – B4 与皮肤科医生对比实验

为比较 EfficientNet – B4 与人类医生的诊断差异,本研究向皮肤科医生发送问卷进行比较,所有参与测试皮肤科医生均已获得执业医师资格证,具有一定的皮肤科专业知识。所有参与测试医生在同一时间内作答同一份问卷的测试题目。依照以上纳入标准,本研究共收集了 230 名符合条件的医生的作答结果,用于与 EfficientNet – B4 的对比实验。

表 4.5 展示了四分类下 230 名皮肤科医生和 EfficientNet – B4 的平均敏感性、平均特异性以及 Kappa 系数。结果显示,本研究方法在四类红斑鳞屑性皮肤病上均超越了 230 名皮肤科医生的平均水平。同时,皮肤科医生和 CNN 都至少实现了中等的一致性(Kappa>0.40),CNN 在大多数诊断类别下实现了高度的一致性(Kappa>0.75)。

表 4.5 EfficientNet – B4 和皮肤科医生的对比结果 %

疾病种类	皮肤科医生($N=230$)的准确率		CNN 的准确率
	平均值	95%置信区间	
银屑病			
敏感性	68.8	66.3~71.3	92.9
特异性	90.3	89.4~91.3	95.2
Kappa 系数	60.3	58.0~62.4	87.3
湿疹			
敏感性	67.7	65.5~69.9	77.3
特异性	83.8	82.6~84.9	92.6
Kappa 系数	48.8	46.6~51.0	69.9

续表 4.5

疾病种类	皮肤科医生(N=230)的准确率		CNN 的准确率
	平均值	95%置信区间	
扁平苔藓			
敏感性	66.9	64.2～69.6	93.3
特异性	95.3	94.6～96.0	96.0
Kappa 系数	64.5	61.8～67.2	84.8
其他			
敏感性	83.2	81.2～85.3	84.0
特异性	93.2	92.2～94.1	98.5
Kappa 系数	76.2	73.9～78.5	85.6
总计			
敏感性	71.7	70.1～73.2	86.9
特异性	90.7	90.1～91.1	95.6
Kappa 系数	62.5	60.4～64.5	81.9

银屑病在临床诊断中易与其他红斑鳞屑性皮肤病混淆,图 4 - 5 展示了 EfficientNet - B4 漏诊的两例银屑病图像。针对这两例病例,医生同时考虑临床图像和皮肤镜图像,总体诊断准确率仅达 56.5%,而网络模型仅参考了皮肤镜图像,未能正确识别这两例银屑病。可见医生难于肉眼判断的临床表现,对 EfficientNet - B4 同样面临着较大的诊断难度。

(a)   (b)

图 4 - 5   EfficientNet - B4 误诊的两例银屑病

图 4 - 6 展示了六例医生诊断准确率较低的银屑病病例(A. 医生诊断准确率为 47.8%,35.2%误诊为湿疹;B. 医生诊断准确率为 31.3%,35.2%误诊为湿疹;C. 医生诊断准确率为 34.4%,57.0%误诊为湿疹;D. 医生诊断准确率为 44.4%,45.7% 误诊为湿疹;E. 医生诊断准确率为 33.5%,46.5%误诊为湿疹;F. 医生诊断准确率

为 59.1%,26.1%误诊为扁平苔藓)。回顾六例病例的病史,误诊的原因可能与部分病例治疗后皮损的表现不够典型相关,其次也可能与发病部位并非银屑病常见部位有关。但事实上,大部分病例在皮肤镜下仍可看到密集分布的点球状血管,这对本病诊断具有重要的提示作用,而 EfficientNet – B4 则成功捕捉了这一特征,并对上述图片均做出了准确的诊断,这提示 EfficientNet – B4 对部分容易被人类肉眼所忽略的特征具有更高的识别水平,甚至对经治疗后失去了典型表现的银屑病病例仍具有较强的预测诊断能力,这一点有待未来进行更多研究去发掘。

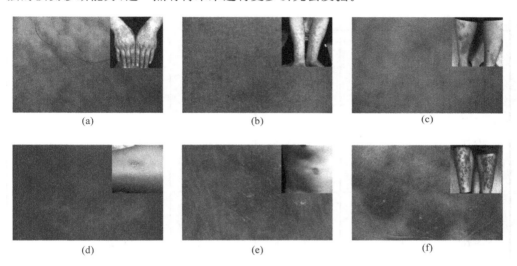

图 4 – 6 多数皮肤科医生误诊的六例银屑病

3. EfficientNet – B4 与不同职称的皮肤科医生对比实验

本研究在前期准备阶段,统计了 230 名皮肤科医生的职称情况,其中 17 名为医学生,74 名具有初级职称,80 名具有中级职称,59 名具有高级职称。为了进一步证实 EfficientNet – B4 在红斑鳞屑性皮肤病分类任务上的优势,本节实验统计并对比了不同职称的皮肤科医生和 EfficientNet – B4 的诊断准确率,表 4.6 展示了二者在四类疾病中的分类准确率统计。可以看出,随着职称级别的提高,医生在四类疾病的诊断敏感性和特异性呈现上升趋势,具有高级职称的医生群体取得了最高的敏感性、特异性和 Kappa 系数的统计平均值。与医生诊断相比,EfficientNet – B4 的平均敏感性和特异性为(86.9%,95.6%)。除了在其他类上敏感性低于高级职称医生群体0.5%外,网络的其他指标均高于医生,说明整体上 EfficientNet – B4 在四类红斑鳞屑性皮肤病的分类任务中超过了医生的诊断水平。

表 4.6　EfficientNet - B4 与不同职称皮肤科医生的对比结果　　　　%

疾病种类	皮肤科医生（N＝230）的准确率				CNN 的准确率
	医学生 （n＝17）	初级职称 （n＝74）	中级职称 （n＝80）	高级职称 （n＝59）	
银屑病					
敏感性	59.5±12.2	69.8±4.5	68.6±4.0	70.5±4.3	92.9
特异性	86.5±4.7	90.9±1.6	90.6±1.4	90.3±1.8	95.2
Kappa 系数	46.6±12.5	61.9±4.2	60.5±3.4	61.8±4.0	87.3
湿疹					
敏感性	55.9±9.6	68.2±4.0	69.2±3.1	68.3±4.4	77.3
特异性	81.7±4.5	83.4±2.1	83.9±2.0	84.6±2.3	92.6
Kappa 系数	36.1±9.9	48.6±3.9	50.4±3.4	50.4±4.2	69.9
扁平苔藓					
敏感性	57.3±12.0	66.8±4.8	67.2±4.5	69.5±4.9	93.3
特异性	92.2±3.1	95.6±1.3	95.7±1.1	95.4±1.2	96.0
Kappa 系数	50.2±13.1	65.2±5.0	65.5±4.5	66.5±4.6	84.8
其他					
敏感性	78.1±9.5	82.3±4.3	84.2±2.9	84.5±3.6	84.0
特异性	90.2±3.7	93.0±1.6	93.1±1.7	94.3±1.9	98.5
Kappa 系数	67.5±11.7	74.9±4.7	77.1±3.4	79.2±4.0	85.6
总计					
敏感性	62.7±4.9	71.8±1.6	72.3±1.8	73.2±1.9	86.9
特异性	87.7±2.2	90.7±1.2	90.8±1.1	91.2±1.3	95.6
Kappa 系数	50.1±6.2	62.7±2.5	63.4±2.4	64.5±3.0	81.9

　　高级职称医生在上述医生分组中具有最高的诊断水平。本节实验通过绘制 ROC 曲线的方式将 EfficientNet - B4 和 59 名高级职称医生的诊断结果进行可视化，如图 4 - 7 所示。图中的曲线是 EfficientNet - B4 的 ROC 曲线，每个点对应一名医生的敏感性和特异性，三角形代表 59 名医生的诊断平均值。当某个圆点落在曲线的左上方时，说明该点对应的医生其诊断准确率优于模型方法。可以看到，只有在其他类中约半数医生对应的点位于 ROC 曲线的上方，而其余三类疾病中，多数医生对应点位于 ROC 曲线下方。上述结果表明了本方法在四类红斑鳞屑性皮肤病的分类任务中超过了大多数高级职称医生的诊断水平。

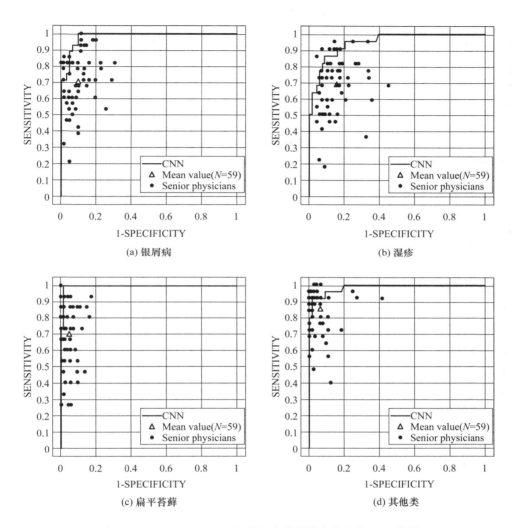

(a) 银屑病　　　　　　　　　　　　　　(b) 湿疹

(c) 扁平苔藓　　　　　　　　　　　　　(d) 其他类

图 4 - 7　EfficientNet - B4 四类红斑鳞屑性皮肤病的 ROC 曲线

4. EfficientNet - B4 与不同受训情况的皮肤科医生对比实验

参与本研究的 230 名皮肤科医生中,有 84 人接受过系统的皮肤镜培训,146 人未接受过系统的皮肤镜培训。本研究分别统计了接受过与未接受过皮肤镜诊断培训的医生的作答情况,并展示了两类群体内不同职称的平均诊断准确率,如表 4.7 和表 4.8 所列。可以看到,经过皮肤镜培训的医生,敏感性和特异性比未经过培训的组分别高出了 3.2%、1.0%,因此医生经过皮肤镜诊断培训后确实提高了诊断准确率。

表 4.7　未受训的不同职称医生在测试集上的诊断情况($n=146$)　　　%

评价指标	医学生($n=10$)	初级职称($n=51$)	中级职称($n=51$)	高级职称($n=34$)	CNN
敏感性	61.2 ± 14.2	71.0 ± 5.4	70.8 ± 4.6	71.8 ± 5.7	86.9
特异性	87.4 ± 5.1	90.5 ± 2.1	90.4 ± 1.9	90.7 ± 2.5	95.6
Kappa 系数	48.6 ± 15.1	61.5 ± 5.8	61.4 ± 4.6	62.6 ± 5.4	81.9

表 4.8　已受训的不同职称医生在测试集上的诊断情况($n=84$)　　　%

评价指标	医学生($n=7$)	初级职称($n=23$)	中级职称($n=29$)	高级职称($n=25$)	CNN
敏感性	64.9 ± 16.2	73.5 ± 7.4	74.8 ± 5.8	75.1 ± 6.4	86.9
特异性	88.1 ± 6.1	91.3 ± 2.3	91.6 ± 2.6	91.8 ± 2.4	95.6
Kappa 系数	52.3 ± 19.2	65.1 ± 6.3	66.9 ± 5.9	67.1 ± 6.6	81.9

　　230 名皮肤科医生中,有 25 名具有高级职称且接受过皮肤镜培训的医生,该群体诊断四类红斑鳞屑性皮肤病的平均敏感性和平均特异性达到了 $75.1\%\pm6.4\%$ 和 $91.8\%\pm2.4\%$,在所有的医生分组中具有最高的诊断水平。与上述医生群体相比,EfficientNet‐B4 的平均敏感性和平均特异性达到 86.9% 和 95.6%,表明该方法针对四类红斑鳞屑性疾病的分类能力高于受训高级医师的平均诊断水平。综合上述分析,本研究采用的计算机辅助诊断方法相比于专业皮肤科医生,在以银屑病为主的红斑鳞屑性皮肤病诊断中具备很大的优势,有望为实际临床中该类疾病的正确诊断提供有力的支持。

4.3　基于嵌套残差网络的皮肤镜图像多分类

　　随着大数据时代的到来和计算机硬件的发展,多种经典的卷积神经网络已经在图像分类任务中取得了令人瞩目的突破。残差网络作为一个表现优异的分类网络,可用于解决网络学习中的梯度消失和网络退化问题。本节将基于残差网络的优势,介绍一种基于嵌套残差网络的皮肤镜图像多分类方法。该方法以残差结构为基本单元,在多个级联的残差结构之间添加跳过连接,提升网络远距离层之间的信息融合,从而取得更好的分类效果。

4.3.1　残差网络原理

　　随着网络的逐渐加深,网络的性能将会受到梯度消失和网络退化的制约。ResNet 的提出有效解决了深度网络梯度消失和退化问题。ResNext 是基于 ResNet

的改进模型。以下将从梯度消失与网络退化、ResNet 和 ResNext 结构两方面进行介绍。

1. 梯度消失与网络退化

深度卷积神经网络虽然在各种任务中取得了突破性的进展,但是有很多还未达到能够实际应用的标准,网络结构还在被不断优化。网络结构的优化主要是往越来越深的方向发展。事实证明,在目标识别分类任务中,网络结构越深,效果往往越好。可见深度卷积神经网络的深度对其性能是十分重要的。然而随着网络深度的增加,网络可能会遇到梯度消失和网络退化问题。梯度消失指的是随着网络深度增加,参数的梯度范数指数式减小的现象。梯度很小,意味着参数的变化很慢,从而使学习过程停滞,直到梯度变得足够大,而这通常需要指数量级的时间。2015 年,批量归一化(batch normalization,BN)算法被提出[18],它能够有效地解决梯度消失问题。由于深度网络在训练的时候,每一层数据会不断变化,因此其数据分布也会不断改变,严重影响到网络的训练。这时,BN 层可以对每一个非线性激活函数层的输入数据进行归一化,控制了数据的分布,可以在一定程度上提高训练速度。此外,在误差反向传播的过程中,BN 层也可以减弱网络参数对梯度的影响,从而解决了过深的网络导致的梯度消失问题。

虽然解决了梯度消失问题的影响,但当网络层数达到一定深度时,依然面临网络退化的问题。网络退化指的是随着深度增加,给定层的隐藏单元的维度变得越来越低,即越来越退化。实际上,在有硬饱和边界的非线性网络中,随着深度增加,退化过程会变得越来越快。当网络层数达到一定的数目以后,网络的性能就会饱和,再增加网络的性能就会开始退化,但是这种退化并不是由过拟合引起的,因为训练精度和测试精度都在下降,这说明网络变得很深以后,深度网络就变得难以训练了。

2. ResNet 与 ResNext 结构

经典的神经网络模型主要在深度和宽度方面对网络进行不同程度的扩增。借助于大规模数据的训练,经典的网络如 AlexNet、VGG 通过一定程度地增加网络宽度和深度可以有效地提升模型的表达能力。ResNet 的提出解决了深度网络训练中可能出现的梯度消失和网络退化问题,让网络结构可以从 20 层左右提升至成百上千层。在 ResNet 的基础上,ResNext 实现了一种多分支的同构结构,提出了一种新的维度:基数。它是网络的深度和宽度之外衡量神经网络的另一个重要因素。

基数本质上是卷积层中分组卷积的组数。分组卷积最早出现在 AlexNet 中,由于当时的硬件资源有限,训练 AlexNet 时卷积操作不能全部放在同一个 GPU 处理,因此把特征图分给多个 GPU 分别进行处理,最后把多个 GPU 的结果进行融合。ResNext 提出,使用分组卷积可以提升网络结构的分类精度。若分组卷积的组数为 d,则分组卷积可以使得局部计算量缩减为原来的 $1/d$,大大节省了参数量,使得在相同计算量的情况下,网络可以更宽,往往可以获得更优的性能。ResNext 在 ResNet

的残差结构基础上,引入了分组卷积,对残差结构做了进一步优化。二者的结构对比图如图4-8所示。

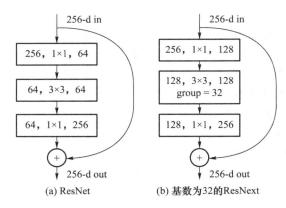

图 4-8 ResNet 及 ResNext 残差结构示意图

4.3.2 嵌套残差网络结构

在实际应用中,设计者往往采用多个卷积层和池化层穿插连接的方式构建卷积神经网络。随着网络层数的不断加深,网络提取到的特征的表达能力越来越强,包含的信息量也越来越多,网络性能随之不断提高。需要注意的是,过深的网络需要消耗更长的计算时间,同时有过拟合和梯度消失甚至网络退化的风险。本节方法基于 ResNet 和 ResNext 的结构,设计一种嵌套(Nested)残差神经网络,整体的网络结构如图4-9所示。

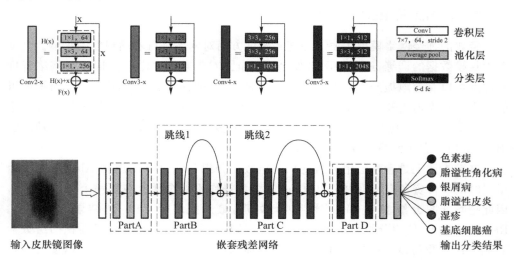

图 4-9 嵌套残差网络整体结构图

现有的卷积网络的网络结构往往都是高度模块化的,通过重复具有类似拓扑结构的结构块来构建网络。这使得设计性能优越的子结构变得十分重要。残差网络是以残差结构为基本单元堆叠而成的,后续残差结构的输入张量是之前残差结构的输出。而设计的嵌套残差结构可以进一步提升原始残差结构的学习能力。如图 4-10 所示,一个嵌套残差结构由 n 个残差结构(ResNet 或者 ResNext 中的残差结构)和一个跳过连接组成,这里 $n \geqslant 2$。跳过连接将嵌套残差结构中的第一个残差结构的输入张量和最后一个残差结构的输出张量相加,形成了嵌套结构。它的定义如下:

$$F(\bm{x}_n) = H(\bm{x}_n) + \bm{x}_n + \bm{x}_1 \tag{4.12}$$

式中,$\bm{x}_1$ 代表嵌套残差结构的输入张量,其嵌套残差结构中第一个残差结构的输入张量。$\bm{x}_n$ 和 $H(\bm{x}_n)$ 分别表示嵌套残差结构中第 n 个残差结构的输入张量和需要学习的残差。这样设计的初衷是网络中的某一层可以不仅仅依赖于紧邻的上一层的特征,也可以依赖于更前面层学习的特征,因此可以把一个个残差结构作为新的基本单元,组成嵌套残差结构,增加相隔更远的层之间的信息融合,实验也证明了这种多层的信息融合对于分类性能的提升是有利的。

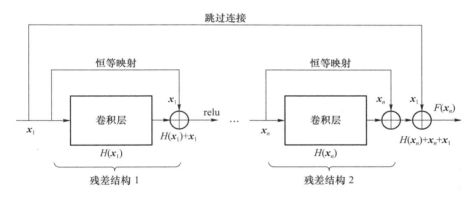

图 4-10 嵌套残差结构示意图

该网络结构以 50 层的深度残差网络为基础网络,并使用设计的嵌套残差结构对原始网络中的残差结构进行替换。除了第一层卷积层以外,网络可以被分为四个部分。Part A 和 Part D 分别包括三个标准残差结构,这两个部分保持和原网络相同的结构。Part B 和 Part C 是标准残差结构和嵌套残差结构的结合。对于 Part B 和 Part C 而言,嵌套残差结构融合了不同层的特征图信息,可以提供更多的信息给后续卷积层,因此提升了网络的学习能力。另一方面,对于深度卷积神经网络的训练而言,当网络足够深的时候,容易产生梯度消失和网络退化的问题,不利于网络的浅层学习。把嵌套残差结构添加到网络的中间部分,使得梯度可以通过跳线进行传播,缩短了梯度的传播距离,使得梯度可以更容易地流动到浅层网络去,在一定程度上缓解以上问题。

4.3.3　分类实例分析

本研究统计了由北京协和医院皮肤科采集的 200 余种皮肤疾病,综合考虑人群发病率、诊断难度和危害程度,最终构建了包含五类皮肤病的数据集,分别为色素痣(nevus,NEV)、脂溢性角化病(seborrheic keratosis,SK)、基底细胞癌(basal cell carcinoma,BCC)、银屑病(psoriasis,PSO)及其他炎症性疾病(以脂溢性皮炎、湿疹为主),数据如表 4.9 所列。

表 4.9　实验数据集统计

疾病类别	训练集	测试集	总计
色素痣(NEV)	3 008	307	3 315
脂溢性角化病(SK)	2 056	223	2 279
基底细胞癌(BCC)	360	58	418
银屑病(PSO)	1 865	201	2 066
其他炎症性疾病	1 809	202	2 011
总计	9 098	991	10 089

1. 与其他深度卷积神经网络对比

为了测试嵌套残差网络的有效性,本实验将所设计的网络结构(包括基于 ResNet 改进的嵌套 ResNet 网络以及基于 ResNext 改进的嵌套 ResNext 网络)和其他四种深度卷积神经网络的分类结果进行了比较,这四种网络分别是 ResNet-50[19],VGG-19[20],GoogLeNet[21]以及 ResNext-50[6];实验使用了 10 416 幅图像来训练这五个网络,为了公平起见,所有网络在训练过程中统一从头进行训练,优化方法采用小批量梯度下降方法,初始化学习率为 0.01,动量为 0.9,权值衰减为 0.001。

表 4.10 展示了测试集上的各个网络的每一类敏感度和平均敏感度。可以看出,ResNet-50 和 ResNext-50 的平均敏感度比 VGG-19 和 GoogLeNet 要高,说明了深度残差网络结构上的优越性。ResNext-50 的精度比 ResNet-50 更高也体现了引入分组卷积后,宽度的提升可以带来性能的提升。而嵌套残差网络 Nested ResNet-50 和 Nested ResNext-50 在深度残差网络的基础上,融合了多层的特征图信息,进一步提升了网络的学习能力,所以获得了更高的平均敏感度,其中 Nested ResNet-50 和 Nested ResNext-50 的平均敏感度相比其基准网络分别提高了 1.5% 和 0.4%,后者的精度达到了 70.0%。

表 4.10 与其他 CNN 分类结果比较

网络模型	NEV	SK	BCC	PSO	其他	平均敏感度
VGG−19	78.8%	65.9%	53.4%	77.6%	50.0%	64.9%
GoogleNet	86.2%	67.6%	60.0%	55.8%	58.3%	65.7%
ResNet−50	84.4%	70.4%	65.5%	67.2%	55.9%	68.3%
ResNext−50	83.1%	67.7%	72.4%	66.2%	58.4%	69.6%
NestedResNet	79.8%	77.1%	65.5%	71.6%	55.4%	**69.8%**
NestedResNext	78.8%	78.5%	63.8%	73.1%	55.9%	**70.0%**

综上,可以看出嵌套残差网络对比其他几种深度卷积神经网络,在所构建的皮肤镜图像数据集上具有明显的优势。嵌套残差结构的优点总结如下:①网络中的某一层可以不仅仅依赖于紧邻的上一层的特征,而且可以依赖于更前面层学习的特征,把一个个残差结构作为新的基本单元组成嵌套残差结构,可以增加使相隔更远的层之间的信息融合;②嵌套残差网络以残差结构作为新的基本单元,在小数据集上可以进一步降低过拟合现象,增加泛化能力;③新的结构可以使用迁移学习提高泛化能力,且没有增加参数。

2. 与其他皮肤镜图像分类算法对比

本节实验中将两种嵌套残差网络与其他优秀的皮肤镜图像多分类算法进行了对比,对比方法包括 E. Nasr−Esfahani[22],Adria Romero Lopez[23],Nature[14] 和 ResNet50[19]。为了对比的公平,这些网络都统一使用皮肤镜图像训练集从头训练,表 4.11 给出了分类结果。

表 4.11 与其他基于深度学习的皮肤镜图像多分类算法对比

分类方法	平均敏感度
E. Nasr−Esfahani[22]	58.3%
Adria Romero Lopez[23]	64.5%
Nature[14]	66.4%
Lei Bi[19]	68.3%
Nested ResNet−50	**69.8%**
Nested ResNext−50	**70.0%**

上述结果表明,本节介绍的嵌套残差网络结构 Nested−ResNet50 和 Nested−ResNext50,平均敏感度均高于其他四种分类方法,其中 Nested−ResNext50 取得了最优的分类性能,证明了本算法在皮肤镜图像分类任务上的优越性。

4.4 基于监督对比学习的长尾皮肤镜图像分类算法

深度学习模型如 CNNs、Transformer 等通常需要大量的平衡和高质量数据集来满足临床应用中准确性和鲁棒性的要求。然而,在现实世界中,由于疾病的发病率不均匀,数据采集的难度较大,皮肤病数据集往往呈现出长尾分布即数据不均衡的问题。这种不均衡性可能导致分类器产生偏见,使其倾向于预测样本为数量较多的类别,会对少数类别的分类性能产生不利影响,使漏诊或误诊的风险增加。此外,数据不均衡还可能降低分类器的泛化性,使其难以在不同类别之间取得平衡的准确性,影响疾病诊断和治疗选择。因此,本节将介绍一种基于对比学习理论的皮肤图像分类算法——类别增强对比学习框架 ECL,用来解决皮肤病图像中存在的长尾问题,使得模型既能保证头类样本的分类准确率,又能有效提升尾类样本的分类准确率。

4.4.1 类别增强对比学习网络结构

近年来,对比学习方法在数据不均衡问题上显示出很大的发展潜力。其中,Khosla 等人[39]提出的有监督对比学习(Supervised Contrastive Learning,SCL)通过聚集语义相似的样本并推开不同类别的样本,来利用数据集中的类别关系来增强模型的表征学习能力,在自然图像和医学图像的长尾问题中取得了显著的进步。然而,SCL 方法仍存在一些挑战:当前基于 SCL 的方法不能充分利用少数类别的信息,其损失函数更注重于优化具有较大梯度的头部类别,而不是尾部类别,这意味着尾部类别被推得离头部更远;大多数方法只考虑样本数量("不平衡数据")对皮肤疾病分类准确性的影响,而忽视了疾病本身诊断难度的差异("不平衡诊断难度")。

为了解决以上问题,本节提出了一种用于皮肤病病变分类的类别增强对比学习方法(ECL)。SCL 与 ECL 之间的差异如图 4-11 所示。为充分利用尾类的数据信息,该方法提出了一个新颖的平衡代理模型,以与类别样本比例相反的不平衡策略为不同类别生成代理,即当该类别的样本较少,就为该类别生成更多的代理。这些可学习的代理通过循环更新策略进行优化,该策略捕捉了原始数据分布,并且减轻小批次中少数样本不足引起的优化质量下降问题。此外,引入平衡对比学习理论(Balanced Contrastive Learning,BCL)[31],提出平衡代理对比损失(Balanced Proxy Contrastive Loss,BPC),该损失对所有类别一视同仁,并利用样本–样本、代理–样本以及代理–代理之间的关系来改善表示学习。最后,本研究还设计了一个平衡加权交叉熵损失(Balanced-Weighted Cross-Entropy Loss,BWCE),该损失基于课程学习在不同阶段调整交叉熵损失的权重,同时考虑了"不平衡数据"和"不平衡诊断难度"。详细描述如下:

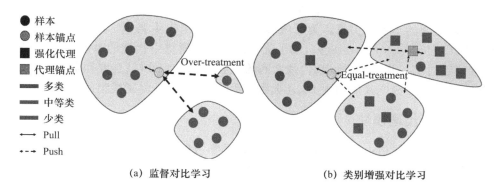

图 4 - 11 SCL 与 ECL 的比较

1. 网络整体框架

类别增强对比学习 ECL 网络基于监督对比学习的理论设计,其整体框架如图 4 - 12所示。该网络共包含两条平行分支,分别为一条分类学习分支和一条对比学习分支,分别用来学习无偏的分类器和通过对比学习策略提升网络的特征表达能力两条分支对输入 X 采用不同的数据增强策略 T^i,$i \in \{1,2\}$,两条分支共享参数相同的骨干网络(Backbone),并得到两分支特征 $\tilde{X}^i$,$i \in \{1,2\}$。骨干网络之后,在分类学习分支中使用了一个全连接层作为分类层对特征进行分类 $g(\cdot):\tilde{X}\rightarrow\mathcal{Y}$,对比学习分支含有一层隐藏层的多层感知器作为样本编码头(Embedding Head)将特征映射至新的变量空间 $\mathcal{Z}$,$h(\cdot):\tilde{X}\rightarrow Z\in\mathbb{R}^d$,其中 d 为编码向量维度。得到的 Z 在经过 L2 正则化(L2 Normalization)后计算内积距离度量用于对比学习,以提高模型的表征能力。

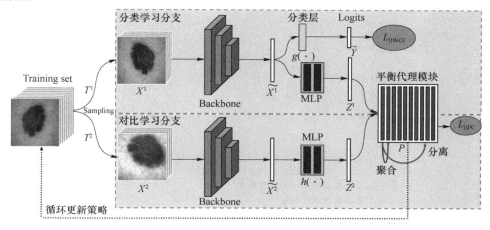

图 4 - 12 类别增强对比学习(ECL)网络整体框架

平衡代理模块生成的代理向量和样本特征通过平衡代理对比损失 $\mathscr{L}_{BPC}$,捕捉样本和代理之间的丰富的关系。为了获得更好的代理来表示类别,本研究使用循环更新策略(Cycle Update Strategy),用于优化混合代理模块中代理的参数,在这个过程中,网络通过 L_{BPC} 强调了样本和代理之间的相互关系。此外,结合课程学习进度表通过提出的平衡加权交叉熵损失 L_{BWCE} 训练的无偏分类器,确保了模型的准确性。

2. 平衡代理模块

平衡代理模块由一系列类别相关的参数可学习的向量组成,这些向量通常称为代理,每个代理可以作为类内样本向量的代表或样本中心。这些代理表示为:

$$\mathscr{P} = p_k^c \mid k \in 1,2,\cdots,N_c^p, c \in \{1,2,\cdots,C\}\}\tag{4.13}$$

其中,C 代表样本数目,$p_k^c \in \mathbb{R}^d$ 是类别 c 的第 k 个代理。训练过程中,小批次中的样本通过随机采样,其分布仍是不均衡的。为了补充批次中的少类样本,这些代理数目可以通过一种反向的不平衡策略确定,使数目较少的类别得到更多的代理,以达到丰富少类中样本信息的目的。假设类别 c 中的样本数目是 N_c,数目最多的类别数目是 N_{max},则样本数目 N_c^p 为:

$$N_c^p = \begin{cases} 1 & \text{if } N_c = N_{max} \\ \left\lfloor \dfrac{N_{max}}{10N_c} \right\rfloor + 2 & \text{else} \end{cases}\tag{4.14}$$

通过这种方式,尾类具有更多的代理,而头类具有较少的代理,从而缓解了小批次中的不平衡问题,训练过程参考算法流程 4.11。

表 4.11　ECL 算法的训练流程

算法:ECL 的训练流程。

输入:训练集 X,验证集 X_{val},训练周期数 E,迭代次数 T,批次数 B,学习率 lr,BWEC 阶段周期数 E_2
初始化网络 model 参数 θ 和平衡代理模型 $\mathscr{P}$ 参数 φ

1:　$for\ e\ in\ E, do$
2:　　　$for\ t\ in\ T, do$
3:　　　　　得到一个批次的样本 $\{x_i^{\{1,2\}}, y_i\}_B$
4:　　　　　$\{z_i^{\{1,2\}}\}_B, \{\tilde{y}_i\}_B = model(\{x_i^{\{1,2\}}\}_B)$
5:　　　　　// 课程式学习策略
6:　　　　　$if\ e > E_2, then$
7:　　　　　　　$Loss(\theta,\varphi) = \lambda\mathscr{L}_{BPC}(\{z_i^{\{1,2\}}\}_B, \mathscr{P}) + \mathscr{L}_{BWCE}(\{y_i, \tilde{y}_i\}_B, f^e)$
8:　　　　　$else$
9:　　　　　　　$Loss(\theta,\varphi) = \lambda\mathscr{L}_{BPC}(\{z_i^{\{1,2\}}\}_B, \mathscr{P}) + \mathscr{L}_{BWCE}(\{y_i, \tilde{y}_i\}_B)$
10:　　　　$grad_\theta^t = \nabla_\theta Loss(\theta), grad_\varphi^t = \nabla_\varphi Loss(\varphi)$ // 计算梯度
11:　　　　$\theta \leftarrow \theta - lr * grad_\theta^t$ //更新模型 model 参数 θ
12:　　　　$\varphi \leftarrow \varphi - lr * grad_\varphi^t$ //更新模型 $\mathscr{P}$ 参数 φ
13:　　　　$if\ e > E_2, then$
14:　　　　　　$f^e = Validate(model, X_{val})$

在对小批次样本进行训练时，通常会执行梯度下降算法来更新参数。然而，当处理不平衡的数据集时，由于被采样的概率较低，批次中的尾部样本对其相应代理的更新贡献很小。那么，如何获得具有更优表征的代理呢？在这里，本研究提出了一种用于参数优化的循环更新策略。具体来说，该策略将梯度累积方法引入到训练过程中，异步更新代理——代理仅在一个训练周期（Epoch）后更新，即所有数据都已由具有累积梯度的框架处理。通过这种策略，可以从整体数据分布的角度对尾部代理进行优化，从而在类别信息增强中发挥更好的作用。

3. 平衡代理对比损失

为了解决监督对比学习中网络过度关注头部类别的问题，本文引入平衡监督对比学习理论[66]（BCL）并提出了平衡代理对比损失，同时利用丰富的样本和代理之间的关系，使特征具有更高的可分性。假设一个批次中样本数为 $\mathcal{B}=\{(x_i^{(1,2)},y_i)\}_B$，则通过骨干网络及编码头后的样本表征为 $\mathcal{Z}=\{z_i^{(1,2)}\}_B=\{z_1^1,z_1^2,\cdots,z_B^1,z_B^2\}$，$B$ 为一个批次内的样本数。对于一个类别为 c 锚点样本 $z_i\in\mathcal{Z}$，我们将正样本即类别与锚点相同的样本统一为 $z^+=\{z_j\,|\,y_j=y_i=c,j\neq i\}$。同时对于一个类别为 c 的锚点代理 p_i^c，正样本锚点则统一为 p^+。平衡代理损失函数为：

$$\mathscr{L}_{BPC}=-\frac{1}{2B+\Sigma_{c\in C}N_c^p}\sum_{s_i\in\{Z\cup P\}}\frac{1}{2B_c+N_c^p-1}\sum_{s_j\in\{z^+\cup p^+\}}\log\frac{\exp\left(s_i\cdot s_j/\tau\right)}{E}$$

(4.15)

$$E=\sum_{c\in C}\frac{1}{2B_c+N_c^p-1}\sum_{s_k\in\{Z_c\cup P_c\}}\exp\left(s_i\cdot s_k/\tau\right)$$ (4.16)

其中，B_c 表示一个批次中类别为 c 的样本数目，此外，定义 $\mathcal{Z}_c$ 和 $\mathcal{P}_c$ 为样本类别为 c 时 $\mathcal{Z}$ 和 $\mathcal{P}$ 的子集。平衡代理对比损失分母中的平均操作可以有效降低头部类别为负样本时的梯度，对优化每个类做出同等的贡献。本研究提出的平衡代理对比损失与平衡监督损失不同的是，该损失丰富了样本和代理之间关系的学习。损失函数中的样本-样本、代理-样本和代理-代理的关系具有促进网络的表征学习的潜力。此外，由于皮肤图像数据集通常样本数目较少，而丰富的关系能有效帮助形成高质量的分布，在嵌入空间中，提高了特征的可分性。

4. 平衡加权交叉熵损失

考虑到"数据不平衡"和"诊断难度不平衡"的问题同时存在于皮肤疾病分类任务，本文还设计了一个基于课程学习的平衡权重分类交叉熵损失函数，以训练无偏见的分类器。训练过可以分为三个阶段：开始阶段，训练一个通用分类器；第二阶段，为"不平衡数据"的尾部类别分配更大的权重；最后阶段，利用验证集上的结果作为皮肤病类型的诊断难度的评估指标来更新"诊断难度不平衡"的权重。平衡权重交叉熵损失函数为：

$$\mathscr{L}_{BWCE} = -\frac{1}{B} \sum_{i=1}^{B} w_i CE(\widetilde{y}_i, y_i) \tag{4.17}$$

$$w_i = \begin{cases} 1 & e < E_1 \\ \dfrac{C/N_c}{\sum\limits_{c \in C} 1/N_c}^{\frac{e-E_1}{E_2-E_1}} & E_1 < e < E_2 \\ \dfrac{C/f_c^e}{\sum_{c \in c} 1/f_c^e}^{\frac{e-E_2}{E-E_1}} & E_2 < e < E \end{cases} \tag{4.18}$$

其中 w_i 表示类别为 c 的样本的损失权重，$\widetilde{y}_i$ 代表网络的预测结果。在本研究中，假设 f_c^e 是在第 e 个迭代周期后类别 c 在验证集上的评估结果，本文使用 F1 分数作为诊断难度指标。网络共训练 E 轮，E_1 和 E_2 为课程阶段的超参数。最终，得到最终的损失函数如下，其中 λ 和 μ 控制各损失函数的权重：

$$\mathscr{L} = \lambda \mathscr{L}_{BPC} + \mu \mathscr{L}_{BWCE} \tag{4.19}$$

4.4.2 分类实例分析

本研究的实验数据来自于国际皮肤成像协作组织分别于 2018 年和 2019 年公开的两个数据集 ISIC2018 和 ISIC2019，两个数据集信息见表 4.12。ISIC2018 数据集由 7 个类别的 10015 张皮肤镜图像组成，7 个类别分别为恶性黑色素瘤（Melanoma，MEL）、黑色素痣（Melanocytic Nevus，NV）、基底细胞癌（Basal Cell Carcinoma，BCC）、光线性角化病（Actinic Keratosis，AK）、良性角化病（Benign Keratosis，BK）、皮肤纤维瘤（Dermatofibroma，DF）、血管性病变（Vascular Lesion，VASC）。而 ISIC2019 数据集更大，其在 ISIC2018 的 7 个类别的基础上增加了皮肤病鳞状细胞瘤（Squamous Cell Carcinoma，SCC），提供了 8 个类别的 25331 张图像。两个数据集的不均衡指数 $\alpha = \dfrac{N_{\max}}{N_{\min}}$ 均大于 50（ISIC2018 为 58.30，ISIC2019 为 53.87），这意味着皮肤疾病分类面临严重的数据不均问题，我们随机将样本按 3:1:1 的比例划分为训练集、验证及和测试集。

表 4.12 ISIC2018 和 ISIC2019 数据集信息

ISIC2018			ISIC2019		
皮肤病类别	皮肤镜图片数目	类别占比（%）	皮肤病类别	皮肤镜图片数目	类别占比（%）
MEL	1110	10.98	MEL	4516	17.85
NV	6689	66.79	NV	12867	50.85
BCC	512	5.11	BCC	3318	13.11

ISIC2018			ISIC2019		
皮肤病类别	皮肤镜图片数目	类别占比(%)	皮肤病类别	皮肤镜图片数目	类别占比(%)
AK	327	3.27	AK	866	3.42
BK	1096	10.94	BK	2620	10.35
DF	115	1.15	DF	239	0.94
VASC	142	1.42	VASC	253	1.00
—	—	—	SCC	627	2.48
总计	10015	100	总计	25331	100

训练过程中,ECL 的骨干网络选用 ResNet50[47],特征向量嵌入维度 d 设置为 128。在分类分支中,数据增广策略 T^1 采用了 ImageNet 中的默认数据增强策略;对于对比学习分支,在 T^1 的基础上添加了随机灰度、旋转和垂直翻转操作,作为 T^2,以丰富数据表示。此外,在测试过程中,对图片仅进行了大小调整操作,以确保输入大小为 $224 \times 224 \times 3$。所有实验均选择在验证集上获得最高准确度的模型进行测试,每个实验进行了 3 次独立运行,报告最终的均值和标准偏差。

1. 网络结构消融实验

为了验证 ECL 中每个模块的有效性,本研究报告了详细的消融研究,ISIC2018 和 ISIC2019 结果如表 4.13 和表 4.14 所示。首先,直接将对比学习分支移除,并用交叉熵损失替换平衡权重交叉熵损失(表中表示为 Classifier Branch-CE),之后逐步添加提出的各个模块。

表 4.13 ISIC2018 上的消融实验

Methods (ISIC2018)	Proxies	Acc	Sen	Pre	F1	AUC
Classifier branch-CE	BPM	83.89 (0.33)	69.56 (0.29)	73.62 (1.39)	70.34 (0.68)	94.81 (0.09)
Classifier branch-BWCE	BPM	84.83 (0.44)	70.13 (1.85)	77.38 (0.46)	72.28 (1.33)	94.94 (0.16)
Dual branch-CE+BPC	BPM	86.78 (0.18)	72.96 (0.21)	81.73 (0.21)	76.05 (0.97)	96.74 (0.08)
Dual branch-BWCE+BPC w/o cycle update strategy	BPM	86.43 (0.09)	72.42 (0.56)	81.32 (0.26)	75.14 (0.18)	96.50 (0.02)
Dual branch-BWCE+BPC	2 proxies per-class	86.33 (0.26)	71.32 (0.80)	81.86 (1.41)	75.18 (0.68)	96.30 (0.09)

续表 4.13

Methods (ISIC2018)	Proxies	Acc	Sen	Pre	F1	AUC
Dual branch-BWCE+BPC	3 proxies per-class	86.36 (0.28)	70.47 (1.21)	82.20 (0.54)	74.70 (0.75)	96.59 (0.06)
Dual branch-BWCE+BPC	4 proxies per-class	86.45 (0.33)	71.54 (0.52)	80.54 (2.00)	75.84 (0.44)	96.66 (0.04)
Dual branch-BWCE+BPC	BPM	87.20 (0.12)	73.02 (0.48)	83.44 (0.77)	76.76 (0.33)	96.55 (0.03)

表 4.14　ISIC2019 上的消融实验

Methods (ISIC2018)	Proxies	Acc	Sen	Pre	F1	AUC
Classifier branch-CE	BPM	82.41 (0.19)	67.02 (0.10)	77.32 (0.25)	70.90 (0.10)	95.37 (0.04)
Classifier branch-BWCE	BPM	82.69 (0.14)	67.95 (0.77)	77.32 (0.31)	71.65 (0.46)	95.35 (0.03)
Dual branch-CE+BPC	BPM	85.49 (0.03)	73.35 (0.30)	81.61 (0.30)	76.76 (0.31)	96.52 (0.03)
Dual branch-BWCE+BPC w/o cycle update strategy	BPM	85.65 (0.48)	73.48 (0.48)	83.00 (1.60)	77.40 (0.60)	96.65 (0.15)
Dual branch-BWCE+BPC	2 proxies per-class	85.52 (0.03)	74.03 (0.28)	81.46 (0.12)	77.22 (0.13)	96.53 (0.03)
Dual branch-BWCE+BPC	3 proxies per-class	85.36 (0.09)	73.49 (0.10)	83.00 (0.33)	77.53 (0.20)	96.74 (0.02)
Dual branch-BWCE+BPC	4 proxies per-class	85.79 (0.03)	74.09 (0.62)	82.03 (0.66)	77.42 (0.56)	96.53 (0.03)
Dual branch-BWCE+BPC	BPM	86.11 (0.16)	76.57 (0.94)	83.22 (0.06)	79.46 (0.58)	96.78 (0.09)

从结果中可以看出，添加对比学习分支显著提高了网络的数据表示能力，相比仅使用分类器分支，性能更好。其次，平衡权重交叉熵损失（BWCE）有助于学习更公平的分类器，与 ISIC2018 数据集上的 CE 相比，F1 提高了 1.94%。接下来，对没有使用循环更新策略的 ECL 模型，与使用循环更新策略进行训练相比（表中表示为 w/o cycle update strategy），网络整体性能有所下降，这表明循环更新策略可以更好地增强对整个数据分布的代理学习效果，这进一步验证 ECL 方法的有效性。最后，对代理数量的设置进行调整，以探索网络的分类能力是否随着代理数量的增加而提高。

从结果可以发现,随着代理数量的增加,各项评价指标出现了波动,但并没有显著的增加,然而,在使用反向平衡方式生成的代理中,为少数类别生成更多的代理几乎在所有指标上都优于等量代理的结果。这表明,更多的代理可以有效地增强和丰富尾部类别的信息。

进一步,我们还绘制了混淆矩阵对比了 ECL 与仅使用交叉熵损失的分类网络,结果如图 4-13 所示,可以看出我们的方法不论是少类还是多类都有着明显的提升。

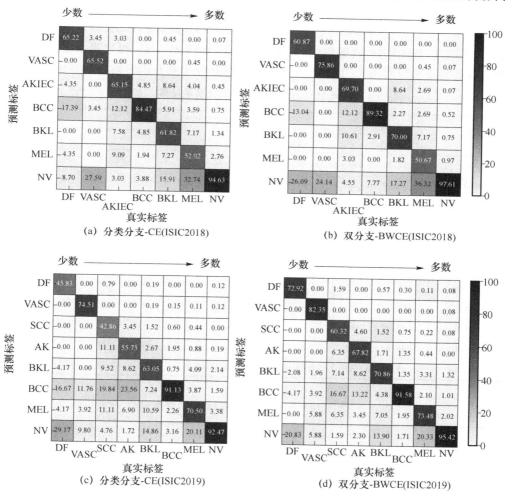

图 4-13 混淆矩阵结果

2. 与其他长尾分类方法的对比实验

为了评估类别增强对比学习 ECL 的性能,在对比实验中与 9 种对比方法进行了比较。这些方法包括 Focal 损失[33]、LDAM-DRW[34]、Logit-Adjust[35] 和

MWNL[36],以上四种方法都是使用重新加权损失的方法。此外,还有基于重新平衡训练策略的方法 BBN[37],以及基于对比学习的方法 Hybrid-SC[38]、SCL[39]、BCL[31]、TSC[40]。需要注意的是,MWNL 和 SCL 已经在皮肤病分类任务中证明具有良好的性能。为了保证公平性,本研究重新训练了所有方法,并使用相同的实验设置在分割数据集上运行它们的发布代码,并确保所有模型都已经收敛,选择验证集上表现最佳的模型进行测试。如表 4.15 和表 4.16 所示,结果显示 ECL 在两个数据集上的大多数评价指标上表现出显著优势。值得注意的是,ECL 方法在很大程度上优于其他不平衡方法,例如,与 SCL 相比,在 ISIC2018 数据集上,ECL 的准确率提升了 2.56%,在 ISIC2019 数据集上,ECL 的 F1 得分与 MWNL 相比提升了 4.38%。通过这些结果可以看出 ECL 方法在不平衡分类任务中具有出色的性能和优越性。

表 4.15　ISIC2018 上的对比实验结果

Methods	ISIC2018				
	Acc	Pre	Sen	F1	AUC
CE	83.89 (0.33)	69.56 (0.29)	73.62 (1.39)	70.34 (0.68)	94.81 (0.09)
Focal Loss	84.19 (0.13)	68.78 (0.43)	76.69 (0.48)	71.38 (0.41)	94.76 (0.02)
LDAM-DRW	84.20 (0.09)	71.74 (0.43)	74.65 (0.26)	71.98 (0.32)	95.22 (0.05)
Logit Adjust	84.15 (0.27)	71.54 (1.30)	71.78 (1.10)	70.77 (0.04)	95.55 (0.04)
MWNL	84.90 (0.20)	73.90 (0.43)	76.94 (0.35)	74.92 (0.43)	96.79 (0.14)
BBN	85.57 (0.40)	74.96 (1.23)	72.40 (2.75)	72.79 (1.02)	93.72 (0.03)
Hybrid-SC	86.30 (0.36)	73.93 (0.46)	75.84 (4.48)	74.34 (2.13)	96.33 (0.53)
SCL	86.13 (0.22)	70.40 (0.91)	80.88 (0.97)	74.27 (0.86)	96.56 (0.08)
BCL	84.92 (0.49)	72.87 (0.85)	71.15 (0.66)	71.57 (0.51)	95.61 (0.10)
TSC	85.94 (0.46)	73.35 (1.80)	77.77 (1.60)	74.94 (1.66)	95.83 (0.19)
Ours	87.20 (0.12)	73.01 (0.48)	83.44 (0.77)	76.76 (0.33)	96.55 (0.03)

表 4.16　ISIC2019 上的对比实验结果

Methods	ISIC2018				
	Acc	Pre	Sen	F1	AUC
CE	82.41 (0.19)	67.02 (0.10)	77.32 (0.25)	70.90 (0.10)	95.37 (0.04)
Focal Loss	82.05 (0.11)	64.55 (0.20)	75.93 (0.90)	68.84 (0.31)	94.82 (0.04)
LDAM-DRW	82.29 (0.10)	68.08 (0.34)	74.61 (0.12)	70.84 (0.23)	95.65 (0.02)
Logit Adjust	81.93 (0.21)	68.94 (0.29)	69.12 (0.14)	68.64 (0.21)	95.17 (0.01)
MWNL	84.10 (0.18)	74.83 (0.78)	75.81 (0.52)	75.08 (0.23)	96.61 (0.04)

Methods	ISIC2018				
	Acc	Pre	Sen	F1	AUC
BBN	83.43 (0.10)	71.78 (1.32)	78.37 (2.18)	74.42 (0.33)	95.10 (0.07)
Hybrid-SC	84.69 (0.09)	70.90 (0.38)	76.87 (0.25)	73.27 (0.38)	96.67 (0.04)
SCL	84.60 (0.24)	70.90 (1.57)	81.66 (0.54)	75.07 (1.23)	96.21 (0.07)
BCL	83.47 (0.10)	73.52 (1.40)	74.17 (1.12)	73.50 (0.29)	95.95 (0.03)
TSC	84.75 (0.15)	71.89 (0.64)	79.81 (0.31)	75.13 (0.32)	95.84 (0.03)
Ours	86.11 (0.16)	76.57 (0.94)	83.22 (0.10)	79.46 (0.58)	96.78 (0.09)

4.5　基于多模态融合的皮肤影像多分类

　　临床图像和皮肤镜图像作为临床中最常见的两类皮损影像模态,为皮肤科医生提供了重要的诊断依据。现有网络框架大多仅采用皮肤镜图像,缺乏临床图像的皮损宏观信息;此外,由于皮肤病种类繁多、同一疾病内模式多样、不同疾病间模式相似度高,分类需要提取不同等级的空间和语义特征,这些问题限制了网络对皮损的精准分类。因此,本节将介绍一种基于多模态融合的皮肤镜图像多分类网络,既在单模态内挖掘更全面的深浅层特征,同时在模态间实现特征互补,融合临床图像和皮肤镜图像两种模态,从而提升皮损多分类的准确性。

　　融合网络的总体框架结构见图 4-14,该网络由皮肤镜图像分支、临床图像分支和共享分支组成。皮肤镜分支和临床分支以 EfficientNet 作为骨干网络,采用了一

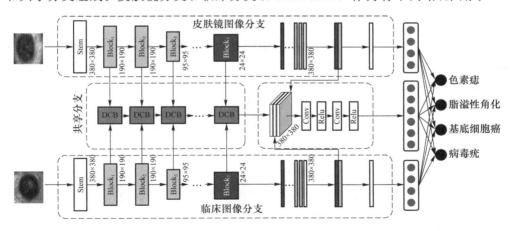

图 4-14　融合网络总体框架图

种多尺度特征提取模块,提取并融合浅层特征和深层特征;共享分支中嵌入了双模态融合模块设计,将两种模态的特征图作级联叠加;最终,多个融合模块以全共享的方式端到端地传递特征图,输出四类皮肤疾病的分类结果。

4.5.1 多尺度特征融合结构

皮肤病种类繁多,存在同一疾病内模式多样、不同疾病间模式相似度高的问题,分类需要提取不同等级的语义特征和细节特征,常见的网络框架的高层特征缺乏细节信息。针对此类问题,本研究设计一种基于多尺度特征融合的结构,融合单一模态内不同等级的特征,即融合浅层和深层特征信息,以提升多类别特征的可分性,解决思路如图 4-15 所示。

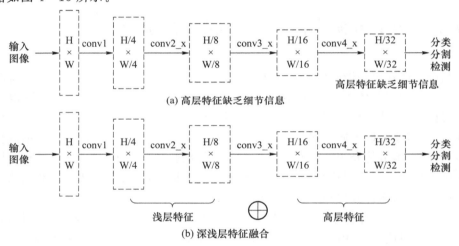

图 4-15　框架存在的问题和解决思路图

本节研究提出一种多尺度特征融合结构,用于皮肤镜图像分支与临床图像分支,如图 4-16 所示。该结构以 EfficientNet 作为骨干网络,以皮肤镜图像或临床图像作为输入,输入皮肤图像大小为 380×380,经过一个根结构(Stem)、七个组块(Block)和一个融合模块(Fusion block),最后输出皮损特征向量。

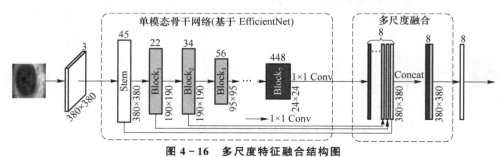

图 4-16　多尺度特征融合结构图

根结构包含缩放、归一化和卷积层,用于提取输入图像特征。组块由多个模块组成,每个模块由二维卷积、批归一化和 ReLU 激活函数的级联组成,特征图通过模块间的跳跃连接并加和,向后传递,以便提取多个尺度下更丰富的空间细节和语义特征,结构如图 4 - 17 所示。组块结构的数学表达如下:

$$F_n^{(m)} = \sum_k (F_{n-1,k}^{(m)} + \mathcal{M}(F_{n-1,k-1}^{(m)})) \tag{4.13}$$

式中,$F_n^{(m)}$ 表示第 m 种模态、第 n 个组块的特征图,$\mathcal{M}(\cdot)$ 表示模块操作,k 表示该操作已进行的次数。

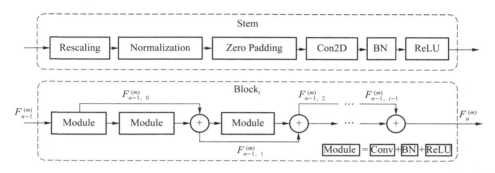

图 4 - 17 组成部分内部结构图

融合模块位于单模态骨干网络的输出端。七个组块在逐级传递的同时,每个组块的输出特征图经过 $1×1$ 卷积后,得到 $380×380×1$ 特征图。每个特征图以级联方式进行融合,得到八通道特征图,用于后续模态融合分类。

4.5.2 双模态影像融合模块

本节研究设计了针对皮肤镜图像和临床图像融合的模块(dermoscopic - clinical block,DCB),用于在共享分支内融合两类模态的特征图,如图 4 - 18 所示。各个组块输出的特征图不仅传入模态分支后端的多尺度模块,同时传入融合分支的 DCB 模块中。前一个 DCB 模块输出的特征图首先经过 $1×1$ 卷积、批归一化和 ReLU 激活函数,获得分布平滑的特征图。皮肤镜、临床两模态的特征图与平滑的特征图作通道级联,得到经过 $1×1$ 卷积结构,最终输出该 DCB 模块的特征图。DCB 模块中通道叠加的数学表达如下:

$$\hat{G_{n-1}} = \mathcal{L}_{\text{concat}}(F_{n-1}^{(1)}, F_{n-1}^{(2)}, G'_{n-1}) \tag{4.14}$$

式中,$\hat{G}_{n-1}$ 表示输出特征图,$\mathcal{L}_{\text{concat}}(\cdot)$ 表示通道叠加操作,$F_{n-1}^{(1)}$、$F_{n-1}^{(2)}$ 分别表示两模态的特征图,G'_{n-1} 表示经过平滑的主干特征图。

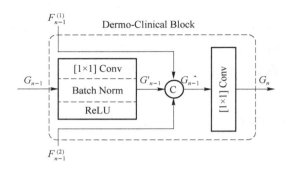

图 4 - 18   DCB 模块内部结构图

4.5.3   全共享融合机制

本节研究提出了一种基于 DCB 模块的全共享融合策略,用于端到端的在共享分支融合双模态特征图。层级融合是医学影像融合的常规方法,然而这些融合方法仅在网络后端的全连接层融合多模态信息,不能将不同模态的特征进行充分融合。本文设计的 DCB 模块可以在不同层级上实现特征融合,图 4 - 19 展示了基于 DCB 模块的前融合、后融合和全共享三种层级融合策略。前融合仅由单块 DCB 模块组成,仅接收来自两模态分支的 $F_1^{(1)}$ 和 $F_1^{(2)}$ 特征图,叠加后直接输出主干特征图 G;后融合与前融合方式类似,区别在于唯一的 DCB 模块位于共享分支的最后端,主干特征图 G 同样直接向后传递;全共享策略则是由 n 个 DCB 模块前后级联,两模态特征图与主干特征图维度叠加 n 次,相邻特征图以 $\mathcal{L}_{concat}(F_{n-1}^{(1)}, F_{n-1}^{(2)}, G_{n-1}')$ 的运算方式作级联,最终经分类层输出诊断结果。

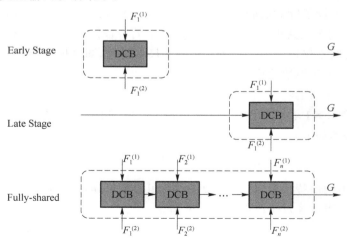

图 4 - 19   三种多模态融合策略示意图

4.5.4 分类实例分析

本节研究的实验数据来自于北京协和医院皮肤科,数据集包含四类易混淆的皮肤疾病,分别为色素痣(nevus,NEV)、脂溢性角化病(seborrheic keratosis,SK)、基底细胞癌(basal cell carcinoma,BCC)和病毒疣(wart,WT)。数据集包含两类模态图像:皮肤镜图像和临床图像。将同一患者同一部位的一张临床图像和一张皮肤镜图像看作一个图像对,本节研究收集的数据集由 3 853 个图像对构成。训练集和测试集不交叉,以避免测试数据重复,确保测试结果的可靠性,图 4 - 20 展示了数据集细节信息。

疾病种类	图像实例			训练集	测试集	总计
色素痣				456	120	720
脂溢性角化病				1 074	370	1 702
基底细胞癌				601	170	1 013
病毒疣				239	86	418
总计				2 307	746	3 853

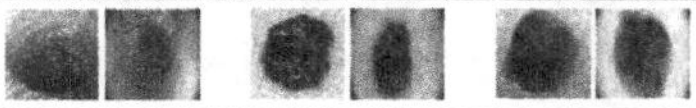

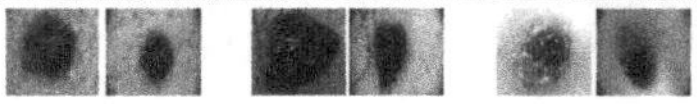

图 4 - 20 实验数据集示意图

训练过程中,每个图像对按短边缩放到 400×400,然后采用五倍裁剪法扩充训练集,即将 400×400 大小的原图在左上、左下、右上、右下角以及中心裁剪出 380×380 大小的图像,扩充为原来的五倍,形成共 11 850 对训练集数据。每个训练周期中,扩充后的图像对随机旋转 90°,180°,270°,以增强模型对图片拍摄角度的泛化能力。

1. 多尺度融合结构的有效性验证

为了验证多尺度融合结构的有效性,本节实验分别在皮肤镜图像分支和临床图像分支上进行分类实验,对比添加融合模块前后对四种皮肤病分类性能的变化,实验结果见表 4.17 和表 4.18。

表 4.17 皮肤镜分支下加入多尺度融合模块前后的分类准确率统计 %

方法	NEV	SK	BCC	WT	平均准确率
EfficientNet	0.745	0.710	0.784	0.835	0.769
EfficientNet+多尺度融合	0.770	0.696	0.801	0.842	**0.777**

表 4.18 临床分支下加入多尺度融合前后分类准确率统计 %

方法	NEV	SK	BCC	WT	平均准确率
EfficientNet	0.624	0.502	0.845	0.525	0.624
EfficientNet＋多尺度融合	0.603	0.555	0.830	0.578	**0.642**

从上述结果中可以看到：

① 多尺度融合结构可在单模态分支下提升网络的分类表现。可以看到，嵌入多尺度融合结构后，皮肤镜分支的平均准确率提升了 0.8%，而临床图像的平均准确率提升了 1.8%。由于该模块融合了包含不同等级信息的特征，丰富了信息内容，即融合浅层和深层特征信息，尤其是解决了临床重形状、皮肤镜重纹理的特征差异。多尺度融合结构的不同组块间，相邻做逐像素叠加，在多尺度条件下丰富了空间细节和语义特征，因而提升了多类别特征的可分性，有效避免了各个模态的信息损失。

② 多尺度融合结构降低了网络对特征尺度的敏感性。由于临床图像的采集在临床实践中未经过标准化，因而临床图像特征尺度差异大。而多尺度融合结构对临床分支的提升效果（1.8%）优于皮肤镜分支（0.8%），这进一步证明了该方法捕捉了低层特征，降低了特征尺度对网络性能的影响，验证了多尺度融合的有效性。

2. 双模态融合模块的有效性验证

为了验证结合临床和皮肤镜图像的融合结构的有效性，本部分实验基于多尺度融合的骨干网络，在两种单模态和双模态条件下对四种皮损进行分类，即仅皮肤镜图像、仅临床图像、皮肤镜图像＋临床图像三种情况，实验结果见表 4.19。

表 4.19 不同模态下分类准确率的统计 %

方法	NEV	SK	BCC	WT	平均准确率
皮肤镜单模态	0.770	0.696	0.801	0.842	0.777
临床单模态	0.603	0.555	0.830	0.578	0.642
双模态融合	0.820	0.763	0.732	0.850	**0.791**

可以看到，当皮肤镜图像与临床图像进行融合后，分类准确率相比单模态图像分别提升 1.4% 和 14.9%。临床图像和皮肤镜图像的空间特征差异大，即临床图像强调皮损宏观结构，皮肤镜图像强调皮损深层纹理，两模态间的空间信息互为补充。因此，临床分支为网络引入了额外的宏观特征，且没有破坏皮肤镜分支对图像纹理特征的挖掘，尤其在脂溢性角化和色素痣两种疾病中的表现优异，实现了四类皮肤病的类内紧凑且类间远离，整体提升了融合效果。

3. 全共享融合机制的有效性验证

为了验证融合策略的选择对分类性能的影响，探究融合网络的最优结构，本部分实验将基于上述 DCB 融合模块,逐一构建前融合、后融合和全共享三种融合策略,分别输出并对比三种策略下四类疾病的分类准确率及平均准确率,实验结果见表 4.20。

表 4.20　三种融合策略的分类准确率统计　　　　　　　　　%

方法	NEV	SK	BCC	WT	平均准确率
前融合策略	0.625	0.582	0.810	0.610	0.657
后融合策略	0.821	0.600	0.794	0.698	0.728
全共享策略	0.820	0.763	0.732	0.850	**0.791**

当双模态网络采用前融合的策略时,四类皮肤病的平均准确率为 65.7%,基底细胞癌的识别最准确,正确率达到 81.0%;后融合策略则更准确地识别了色素痣,准确率为 82.1%。全共享策略相比于前融合、后融合方法,四种疾病的分类精度有所提升,平均准确率分别提升了 13.4% 和 6.3%。这说明全共享融合结构通过网络端到端的共享,最大程度地挖掘了两种模态信息的互补性和异质性。前融合方法融合浅层空间特征,充分保留原始图像信息,学习图像的内在特征;而后融合方法共享深层语义特征,了解不同模态之间的更复杂的特征共性或差异。全共享融合端到端嵌入 DCB 模块,特征图相比于前融合、后融合方法,提升多模态特征间的融合程度,实现精确性高的多分类任务。

4. 与其他皮损分类算法的对比

本研究将所提出的基于多模态融合皮损分类算法,与其他三种单模态皮肤镜图像分类算法[10,12,14]以及两种多模态皮损分类算法[26,27]进行对比。本节实验均采用四类皮肤病数据集,根据不同算法纳入相应模态,实验结果见表 4.21。

表 4.21　与其他皮损分类算法的性能对比　　　　　　　　%

方法	NEV	SK	BCC	WT	平均准确率
Quang et al.[10]	0.708	0.652	0.784	0.781	0.731
Yu et al.[12]	0.706	0.693	0.763	0.808	0.743
Esteva et al.[14]	0.737	0.693	0.829	0.812	0.768
Kawahara et al.[26]	0.794	0.775	0.802	0.758	0.782
Yap et al.[27]	0.734	0.770	0.749	0.808	0.765
本文方法	0.820	0.763	0.732	0.850	**0.791**

文献[10]、文献[12]和文献[14]算法是基于皮肤镜图像的分类方法,它们的平均分类准确率为 73.1%、74.3% 和 76.8%,而多模态方法文献[26]、文献[27]算法和本文方法分别取得了 78.2%、76.5% 和 79.1% 的准确率,整体高于单模态皮肤镜图像

的传统皮损分类方法。这说明采用单一的皮肤镜图像作为皮损分类依据,特征信息不够丰富,难以全面地描述皮损目标的特征,而基于多模态融合的皮损分类算法则能够有效提取皮损目标更丰富的特征信息,具有更好的表征能力和泛化能力。本方法的平均准确率为79.1%,分类性能最优,说明基于多模态融合的综合分类算法,即包括多尺度特征融合结构、融合皮肤镜图像和临床图像的 DCB 结构和全共享融合策略,能有效联合并分析皮损特征,提升了网络针对四类易混淆皮肤病的分类准确率。

本章小结

皮肤影像的分类任务是计算机辅助诊断系统的核心环节,有助于皮肤科医生实现更精准的诊断工作。本章围绕皮肤肿瘤良恶性分类和皮肤疾病多分类这两大任务,依次介绍了四种基于卷积神经网络的皮损分类方法。上述方法针对不同的数据条件和诊断场景,优化改进了深度网络结构与训练过程,有效缓解了样本分布不平均、皮损特征复杂、梯度消失等因素给模型带来的负面影响,取得了不弱于当前先进分类算法甚至专业皮肤科医生的诊断水平。

随着计算机视觉、医学影像成像等关键技术的推进,深度学习在皮肤疾病诊断上优势越发明显。然而,当前的皮损分类算法依然面临重要的难题,即并未解释提取的皮损模式,无法给出可以被医生理解的诊断依据。一个合格的医疗系统应该是透明的、可理解的,算法的"黑箱"特性限制了人工智能在临床中的应用。因此,皮肤镜图像分析领域亟待新的研究方法,能够将提取的特征与临床表现进行映射,增强神经网络的可解释性,为医生提供可信的诊断依据,这将对皮肤科临床工作具有十分深远的意义。

本章主要参考文献

[1] Balch C M, Gershenwald J E, Soong S, et al. Final Version of 2009 AJCC Melanoma Staging and Classification[J]. Journal of Clinical Oncology, 2009, 27(36): 6199 - 6206.

[2] Chawla N V, Bowyer K W, Hall L O, et al. SMOTE: Synthetic Minority Over - sampling Technique[J]. Journal of Artificial Intelligence Research, 2002, 16: 321 - 357.

[3] He H, Garcia E A. Learning from Imbalanced Data[J]. IEEE Transactions on Knowledge and Data Engineering, 2009, 21(9): 1263 - 1284.

[4] Herschtal A, Raskutti B. Optimising Area Under The ROC Curve Using Gradient Descent [C]//21th International Conference on Machine Learning(ICML). ACM, 2004: 49.

［5］　Long J，Shelhamer E，Darrell T. Fully Convolutional Networks for Semantic Segmentation ［C］// 2015 IEEE Conference on Computer Vision and Pattern Recognition（CVPR）. IEEE，2015：3431 - 3440.

［6］　Xie S，Girshick R，Dollár P，et al. Aggregated Residual Transformations for Deep Neural Networks［C］// 2017 IEEE Conference on Computer Vision and Pattern Recognition （CVPR）. IEEE，2017：5987 - 5995.

［7］　Tan M，Le Q V. Efficientnet：Rethinking Model Scaling for Convolutional Neural Networks ［C］//36th International Conference on Machine Learning（ICML）. PMLR，2019：6105 - 6114.

［8］　De Boer P T，Kroese D P，Mannor S，et al. A Tutorial on the Cross - entropy Method［J］. Annals of Operations Research，2005，134(1)：19 - 67.

［9］　Gjørup T. The Kappa Coefficient and the Prevalence of a Diagnosis［J］. Methods of Information in Medicine，1988，27(4)：184 - 186.

［10］　Quang N H. Automatic Skin Lesion Analysis towards Melanoma Detection［C］//2017 21st Asia Pacific Symposium on Intelligent and Evolutionary Systems（IES）. IEEE，2017：106 - 111.

［11］　Kim Y J，Han S S，Yang H J，et al. Prospective，Comparative Evaluation of a Deep Neural Network and Dermoscopy in the Diagnosis of Onychomycosis［J］. Plos one，2020，15(6)：e0234334.

［12］　Yu Z，Jiang X，Zhou F，et al. Melanoma Recognition in Dermoscopy Images via Aggregated Deep Convolutional Features［J］. IEEE Transactions on Biomedical Engineering，2018，66 (4)：1006 - 1016.

［13］　Lee S，Chu Y S，Yoo S K，et al. Augmented Decision-making for Acral Lentiginous Melanoma Detection Using Deep Convolutional Neural Networks［J］. Journal of the European Academy of Dermatology and Venereology，2020，34(8)：1842 - 1850.

［14］　Esteva A，Kuprel B，Novoa R A，et al. Dermatologist - level Classification of Skin Cancer with Deep Neural Networks［J］. Nature，2017，542(7639)：115 - 118.

［15］　Wang S Q，Zhang X Y，Liu J，et al. Deep Learning - based，Computer - aided Slassifier Developed With Dermoscopic Images Shows Comparable Performance to 164 Dermatologists in Cutaneous Disease Diagnosis in the Chinese Population［J］. Chinese Medical Journal，2020，133(17)：2027.

［16］　Rezvantalab A，Safigholi H，Karimijeshni S. Dermatologist Level Dermoscopy Skin Cancer Classification Using Different Deep Learning Convolutional Neural Networks Algorithms ［J］. arXiv preprint arXiv：1810. 10348，2018.

［17］　Li W，Zhuang J，Wang R，et al. Fusing Metadata andDermoscopy Images for Skin Disease Diagnosis［C］//2020 IEEE 17th International Symposium on Biomedical Imaging（ISBI）. IEEE，2020：1996 - 2000.

［18］　Ioffe S，Szegedy C. Batch Normalization：Accelerating Deep Network Training by Reducing

Internal Covariate Shift[C]//32nd International Conference on MachineLearning(ICML). PMLR, 2015: 448-456.

[19]　He K, Zhang X, Ren S, et al. Deep Residual Learning for Image Recognition [C]//2016 IEEE Conference on Computer Vision and Pattern Recognition (CVPR). IEEE, 2016: 770-778.

[20]　Simonyan K, Zisserman A. Very Deep Convolutional Networks for Large-scale Image Recognition[J]. arXiv preprint arXiv:1409.1556, 2014.

[21]　Szegedy C, Liu W, Jia Y, et al. Going Deeper with Convolutions[C]// 2015 IEEE Conference on Computer Vision and Pattern Recognition (CVPR). IEEE, 2015: 1-9.

[22]　Nasr-Esfahani E, Samavi S, Karimi N, et al. Melanoma Detection by Analysis Of Clinical Images Using Convolutional Neural Network [C]//2016 38th Annual International Conference of the IEEE Engineering in Medicine and Biology Society (EMBC). IEEE, 2016: 1373-1376.

[23]　Lopez A R, Giro-i-Nieto X, Burdick J, et al. Skin Lesion Classification from Dermoscopic Images Using Deep Learning Techniques[C]//2017 13th IASTED International Conference on Biomedical Engineering (BioMed). IEEE, 2017: 49-54.

[24]　Chen L, Wu Y, DSouza A M, et al. MRI Tumor Segmentation with Densely Connected 3D CNN[C]//Medical Imaging 2018: Image Processing. International Society for Optics and Photonics, 2018, 10574: 105741F.

[25]　Dolz J, Gopinath K, Yuan J, et al. HyperDense-Net: A Hyper-densely Connected CNN for Multi-modal Image Segmentation[J]. IEEE Transactions on Medical Imaging, 2018, 38 (5): 1116-1126.

[26]　Kawahara J, Daneshvar S, Argenziano G, et al. Seven-point Checklist and Skin Lesion Classification Using Multitask Multimodal Neural Nets[J]. IEEE Journal of Biomedical and Health Informatics, 2018, 23(2): 538-546.

[27]　Yap J, Yolland W, Tschandl P. Multimodal Skin Lesion Classification Using Deep Learning [J]. Experimental Dermatology, 2018, 27(11):1261-1267.

[28]　范海地. 皮肤镜图像黑素瘤分类算法研究[D]. 北京:北京航空航天大学宇航学院, 2017.

[29]　杨怡光. 基于多模态融合的皮损分类算法研究[D]. 北京:北京航空航天大学宇航学院, 2021.

[30]　Yang J, Xie F, Fan H, et al. Classification for Dermoscopy Images Using Convolutional Neural Networks Based on Region Average Pooling[J]. IEEE Access, 2018, 6: 65130-65138.

第 5 章

基于卷积神经网络的
皮肤镜图像检索

皮肤镜图像检索任务的要求是在皮肤镜图像数据库中快速、准确找出与待查询皮肤镜图像相似度较高的一组皮肤镜图像并附带其诊断报告,为医生提供有价值的参考信息。随着卷积网络研究的快速发展,使用卷积网络实现基于深度哈希编码的高鲁棒性皮肤镜图像检索算法正逐渐取代传统使用皮肤镜图像特征的检索算法。本章将围绕深度哈希检索方法,依次介绍四种基于卷积神经网络的皮肤镜图像检索方法,并展示各个方法的检索实例和分析结果。

5.1 基于深度哈希编码的皮肤镜图像检索

深度哈希网络将哈希编码嵌入卷积神经网络中来学习哈希编码,使得哈希码富含图像数据的高层特征信息,具有更好的鲁棒性。本节简要介绍皮肤镜图像检索流程,从深度哈希原理出发,分别讲解深度哈希残差网络以及基于哈希表查询的从粗到精的检索方法。

5.1.1 皮肤镜图像检索流程

皮肤镜图像检索技术是皮肤病计算机辅助诊断研究中的重要方向之一。它能够快速、准确地从皮肤镜图像数据库中检索出一组最为相似的已确诊病例的皮肤镜图像,这组图像及其附属的诊断报告可为皮肤科医生提供重要的参考信息,有助于医生结合历史病例更全面地分析病况,提高诊断准确率。皮肤镜图像具有不同种皮肤病间相似度高、同种皮肤病多样性广的复杂特点,使皮肤镜图像的检索是一个挑战性很大的研究方向。

基于深度哈希编码的皮肤镜图像检索的计算机辅助诊断分析系统流程如图 5-1 所示。首先是建库过程,通过训练深度哈希网络,提取每幅皮肤镜图像的深度哈希码,

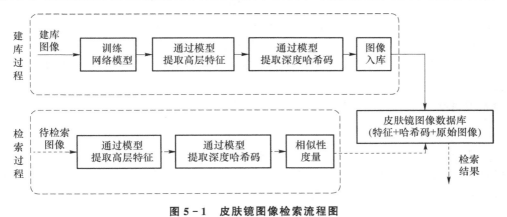

图 5-1 皮肤镜图像检索流程图

并将图像与其对应的哈希码存入皮肤镜图像数据库中,以待检索。诊断新病例时,在检索过程中,同样将待检索皮肤镜图像输入训练好的网络模型,以得到待检索图像的深度哈希码;然后将待检索图像的哈希码与皮肤镜图像数据库中各图像的哈希码进行相似性度量并排序;最后将与待检索图像相似性最大的一组图像返回给皮肤科医生,并附带其诊断报告,即为检索结果。

5.1.2 哈希编码和哈希检索

1.哈希编码原理

哈希编码方法是图像检索任务的关键技术之一。在图像数据库中进行检索,不仅需要有准确的检索结果,还需要有快速的检索速度。传统皮肤镜图像检索技术采用人工设计特征和遍历数据库的检索方式,计算量大、效率低。随着图像数据库体量的快速增长,仅依靠计算机运算速度的提升来加快检索速度是远远不够的。哈希编码方法通过某种映射函数将高维特征向量从连续空间映射到低维的离散汉明空间,并保留相似特征向量间的相似性,以得到富含图像特征信息的二进制哈希码。量化后的二进制哈希码便于在计算机中构建哈希表数据结构,能够有效缩小检索空间,有利于增加检索速度、提升检索效率。

哈希编码技术的核心是映射函数保留特征相似性的能力。本小节按照发展顺序简要介绍几种哈希编码方法,方便读者们更好地理解和学习。

(1)局部敏感哈希算法

早期对哈希的探索集中于使用随机投影来构造随机哈希函数,著名代表之一为局部敏感哈希(locality sensitive hashing,LSH)算法,该算法于 2004 年提出,是经典的无监督哈希编码算法,其基本思想是,在原特征空间中相近的特征数据经过相同的映射变换后,在新的特征空间中也应该保持相近,即相似的特征数据经相同映射函数的结果也相似,而不相似的特征数据经相同映射函数的结果也不相似。

理论上,原始度量在汉明空间中随着编码长度的增加而渐进保持,LSH 类的方法通常需要较长的哈希码来实现较好的精度。码长的增加使得两个原本相似的图像得到的哈希码之间的差距增大,从而导致了较低的召回率,并且 LSH 方法常使用的哈希映射函数为随机高斯矩阵,独立于数据(data – independent)。

(2)主成分分析哈希算法

随后,人们发现依赖于数据(data – dependent)的哈希能够形成更为紧凑的哈希码,而紧凑的哈希码能够节省大量数据库的存储空间。因此,在之后的研究中,该领域的研究主要集中于设计有效的紧凑哈希码。

这一时期具有代表性的研究为主成分分析哈希(principal component analysis

hashing,PCAH),该算法于 2012 年被提出,仍为无监督方法,其基本思想为,利用主成分分析法对高维的特征向量降维,将原始特征空间中可能存在相关性的高维特征转换为线性不相关的低维特征,以此将特征中的关键信息提取出来,保留原特征的相似信息,并降低了数据维数。该方法证实了原则性的线性投影比随机投影具有更好的量化效果,但其仍存在较大的问题,因为数据方差通常衰减较快,只有少数的正交投影适合量化。

（3）核监督哈希算法

上述无监督的哈希编码算法可以检索距离最近的哈希编码,但在实际应用中,例如图像检索等,则希望能够检索出语义更相似的哈希码。因此有监督的哈希编码算法不断被提出,期望能够在检索任务上获得更高的准确率。2012 年提出的核监督哈希(kernel supervised hashing,KSH)算法是有监督哈希的代表,该方法利用汉明距离和编码内积等价的特点,得到了高效且易于优化的目标函数。此外,为了适应线性不可分的数据,该方法使用了基于核的哈希函数,并利用内积的可分性,使用贪婪算法逐比特位对哈希函数进行求解。

（4）深度哈希编码算法

自 2012 年 AlexNet 提出至今,深度学习蓬勃发展,且由于卷积神经网络对大规模数据强大的学习和泛化能力,使用卷积神经网络作为哈希映射函数的深度哈希方法在图像检索领域逐渐受到关注。将哈希编码映射过程嵌入 CNN 中,通过网络训练来学习深度哈希码,通常会取得比传统哈希编码算法更好的映射效果。在之前的章节中,已经简要介绍了深度哈希的基本框架,读者可参阅第 2 章的有关内容。

2. 哈希搜索

哈希编码的目的是将原始空间的特征映射到汉明空间,得到由 0 和 1 组成的二进制哈希码。因此,哈希编码在二进制计算和存储中非常有效。基于哈希的搜索算法主要有哈希码排序和哈希表查找。

（1）哈希码排序

哈希码排序方法是一种相对简单的方法。当对待查询图像进行检索时,计算待查询图像哈希码与数据库中所有图像哈希码之间的汉明距离,然后选择汉明距离相对较小的一组图片作为候选集;之后,通常根据原始特征使用距离函数重新排序,以获得最终的查询图像。该方法计算量较大,检索效率较低。哈希码排序方法更希望得到保留原始空间中相似性的哈希码。

（2）哈希表查找

为了加速搜索,哈希表查找的主要思想是减少距离计算的数量,使用一种称为哈希表的数据结构。哈希表由多个哈希桶(buckets)组成,桶由键值(key value)和链表构成,每个键值由哈希码索引,键值所对应的地址存放一个链表头,每张图像都分配给一个共享相同哈希码的链表。对于这种类型的算法,学习哈希编码的策略是使原始空间中相对接近的特征具有相同哈希编码的概率更高。当待查询图像进入检索阶段后,可以根据待查询的哈希代码找到相应键值下的链表,从而找到相应的候选集。在这一步之后,通常会对候选集中的图像重新排序,以获得最终的搜索目标。然而,选择单个哈希桶作为候选集,召回率相对较低,因此一些基于哈希表查找的方法被不断提出。

5.1.3　深度哈希残差网络

1. 网络结构

在 1.1.2 节中介绍了几种经典的卷积神经网络,其中,残差网络不仅层数多、易于训练,还具有良好的性能。因此,可以采用残差网络 ResNet-18 作为学习深度哈希码的基础网络,并参考文献[3]的研究构建具有哈希编码层的深度哈希残差网络 DH-ResNet-18,其网络结构如图 5-2 所示。

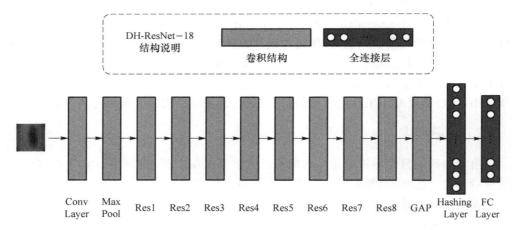

图 5-2　DH-ResNet-18 网络结构图

从图 5-2 可以看出,DH-ResNet-18 在基础网络 ResNet-18 的倒数第二层全局平均池化层(global average pooling,GAP)与最终分类任务层 FC 中间,插入了一层全连接层作为哈希编码层(hashing layer),该层神经元的个数设置为哈希码的位数,通常可以取 16、24、32 等。哈希编码层之后采用 Sigmoid 激活函数将神经元的输出值限制在范围(0,1)中。

经过 Sigmoid 函数得到的哈希码为连续的哈希编码,该步的结果将直接输入最终的分类任务层,该层的神经元个数为皮肤病类别数。之后,在检索阶段,使用符号函数 sign 将连续的哈希编码二值化为 1 或-1。sign 函数定义为:

$$\text{sign}(x) = \begin{cases} 1, & h \geqslant 0.5 \\ -1, & h < 0.5 \end{cases}, \quad h \in (0,1) \tag{5.1}$$

式中，h 代表连续的哈希编码。

2. 损失函数

深度哈希残差网络 DH-ResNet-18 的最终任务层为分类层，采用多分类加权交叉熵损失函数来训练网络，使其通过学习分类任务而间接学得哈希映射，公式如下：

$$\text{Loss} = \frac{1}{N} \sum_{i=1}^{N} \sum_{c=1}^{M} -\omega_c \times y_{ic} \times \ln(p_{ic}) \tag{5.2}$$

式中，M 代表皮肤镜图像类别数，N 代表每个批次中的图像数目，y_{ic} 代表样本 i 的类别标签，如果样本 i 的真实类别等于 c 取 1，否则取 0，ω_c 代表每类样本损失的权重，p_{ic} 代表网络输出的 Softmax 函数概率，也就是样本 i 属于类别 c 的预测概率。

5.1.4　基于哈希表查找的从粗到精检索策略

图像检索策略应用于图像检索过程，要求算法能够快速准确地在数据库中查询到相似的图片。5.1.2 节中简要介绍了两种基于哈希的搜索方法：哈希码排序（遍历搜索）和哈希表查找。哈希码排序方法较为简便，通过遍历数据库计算待查询的皮肤镜图像与数据库中每张皮肤镜图像哈希码之间的距离，选择距离相对较小的一组皮肤镜图像作为检索结果。这种方法计算量较大，导致查询时间较长，检索效率降低。哈希表查找的主要思想是利用哈希表数据结构减少两张皮肤镜图像距离计算的次数，从而减少计算量，节约查询时间，提高检索效率。

这里介绍一种基于哈希表查找的从粗到精检索策略，相较传统方法能够较大缩短检索时间，提升检索效率。将 DH-ResNet-18 哈希编码层 Sigmoid 激活函数的输出作为皮肤镜图像的连续特征向量，并通过 sign 函数对连续特征值进行离散量化得到相应的二进制深度哈希码；然后基于哈希码将皮肤镜图像数据库中的图像构建成哈希表数据结构，如图 5-3 所示。将哈希码作为键值，每个键值所对应的地址存放一个链表头，链表的内容为哈希码相同的皮肤镜图像以及其哈希码离散量化前的连续特征值。之后，将皮肤镜图像数据库中哈希码相同的图像均放入对应的以哈希码为键值的链表中。这样，在检索阶段可通过哈希码直接得到对应链表中所有具有同一哈希码的皮肤镜图像，而无需采用遍历比对的方法查找哈希码相同的皮肤镜图像，能够有效地缩小检索空间，对图像查找的速度有显著的提升作用。

该检索策略为分段式的检索方式，分为粗检索阶段和精检索阶段，具体检索步骤如下。

（1）粗检索阶段

粗检索阶段是根据待检索的皮肤镜图像的哈希码，通过哈希表结构直接得到皮

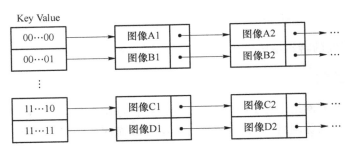

图 5 - 3 哈希表数据结构示意图

肤镜图像数据库中与待检索图像哈希码的汉明距离不大于 2 的图像子类,并将其作为粗检索阶段的结果。汉明距离公式如下:

$$d_{\mathrm{hamming}}(\boldsymbol{x},\boldsymbol{y}) = \sum_{i=1}^{m}(x_i \oplus y_i) \tag{5.3}$$

式中,m 为哈希码位数,$\boldsymbol{x}$ 和 $\boldsymbol{y}$ 为二进制哈希码。

(2) 精检索阶段

将待检索图像的哈希码量化前的连续特征向量与粗检索阶段检索结果中的皮肤镜图像一一比对,计算特征向量的相似性。相似性度量函数采用如下余弦距离函数:

$$d_{\mathit{cosine}}(\boldsymbol{h}_i,\boldsymbol{h}_j) = \frac{\boldsymbol{h}_i,\boldsymbol{h}_j}{\|\boldsymbol{h}_i\| \cdot \|\boldsymbol{h}_j\|} \tag{5.4}$$

式中,$\boldsymbol{h}_i$ 和 $\boldsymbol{h}_j$ 代表连续哈希码,两特征向量间的余弦距离越小,相似性越高。最后,通过排序得到相似性最高的若干幅皮肤镜图像作为精检索阶段的结果,即最终的检索结果。

5.1.5 检索实例分析

1. 评价指标

为评估皮肤镜图像检索算法的性能,常用的评价指标主要有以下几种。

(1) 平均检索准确率(mean average precision,mAP)

平均检索准确率是用来评估检索算法整体性能的最常用的评价指标,其公式如下:

$$\mathrm{mAP@k} = \frac{1}{M}\sum_{c=1}^{M}\frac{1}{|Q_c|}\sum_{i=1}^{|Q_c|}\frac{\mathrm{TP}_i}{\mathrm{TP}_i + \mathrm{FP}_i} \quad (\mathrm{TP}_i + \mathrm{FP}_i = k) \tag{5.5}$$

式中,M 为皮肤镜图像类别数,k 为检索到的相似度排名前 k 名的皮肤镜图像数目,Q_c 为真实类比为 c 的待查询样本的集合,$|Q_c|$ 表示待查询样本的数目,TP 与 FP 来源于混淆矩阵,混淆矩阵如表 5.1 所列。

表 5.1　混淆矩阵

皮肤镜图像标签	皮肤镜图像检索标签匹配结果	
	TRUE	FALSE
TRUE	True Positive（TP）	False Negative（FN）
FALSE	False Positive（FP）	True Negative（TN）

（2）平均倒数排名（mean reciprocal rank，mRR）

平均倒数排名为使用待检索图像查询的结果中第一个正确样本的位置倒数的类别平均值，其公式如下：

$$mRR@k = \frac{1}{M} \sum_{c=1}^{M} \frac{1}{|Q_c|} \sum_{i=1}^{|Q_c|} \frac{1}{rank_i} \tag{5.6}$$

式中，$rank_i$ 表示在检索第 i 个待查询图像时，返回结果中第一个正确答案的排名。

（3）平均检索时间（mean time，mT）

性能优异的皮肤镜图像检索算法不仅需要有较高的 mAP 和 mRR，同时其检索速度也应该更快。因此，可以使用平均检索时间评价算法检索效率，其公式如下：

$$mT = \frac{1}{N} \sum_{i=1}^{N} t_i \tag{5.7}$$

式中，N 为待查询图像数目，t_i 为查询每张图像所花费时间。

综合来说，优异的皮肤镜图像检索算法应具有较高的 mAP@k 和 mRR@k，以及较低的 mT。

2. 检索实例

本节使用皮肤镜图像数据集训练并测试了 DH-ResNet-18 的检索性能，并用评价指标对算法进行评价。实验数据集由北京协和皮肤科提供，共有 7976 幅皮肤镜图像，包含 8 类常见皮肤镜，分别为基底细胞癌（basal cell carcinoma，BCC）、色素痣（nevi，NEV）、湿疹（eczema，ECZ）、银屑病（psoriasis，PSO）、脂溢性角化病（seborrheic keratosis，SK）、脂溢性皮炎病（seborrheic dermatitis，SD）、恶性黑色素瘤（malignant melanoma，MM）、扁平苔藓（lichen planus，LP）。按病例数比例 3：1：1 将数据集划分为训练集、验证集和测试集，并采用裁切扩充法将训练集中的皮肤镜图像扩充为原来的 5 倍。

在训练集上训练网络 DH-ResNet-18，并建立皮肤镜图像数据库。训练后的模型在测试集上进行检索，将精检索阶段中最相似的 10 幅皮肤镜图像作为最终的检索结果。表 5.2 展示了在不同位数哈希编码下的各项评价指标。可以看出，当编码位数取 16 时，模型能够取得较优的检索性能。

表 5.2　不同位数哈希编码下的各项评价指标

编码位数	mAP@10/%	mRR@10/%	mTrs
4	57.72	56.58	0.282
8	62.54	62.94	0.087
16	63.52	64.02	0.055
24	57.74	57.76	0.052
32	56.03	56.03	0.041
48	51.40	51.40	0.037

5.2　基于旋转同变卷积的皮肤镜图像检索

特征不变性是图像处理任务重要的核心性质之一,受到高度关注。鲁棒性好的特征应该对图像目标的变化具有不变性或同变性。然而,皮肤镜图像在拍摄过程中成像角度不固定,皮损目标没有主方向性,因此在对皮肤镜图像进行检索时,需要网络能提取到具有抗旋转能力的特征。本节将从卷积神经网络常见的抗旋转方法出发,介绍一种基于旋转同变卷积的皮肤镜图像检索方法,包含模型的网络框架和损失函数。

5.2.1　卷积神经网络抗旋转方法

卷积神经网络因其优异的特征提取能力而被广泛应用于各种图像处理任务中。CNN 结构中的局部感知、权值共享和池化采样操作均能够为提取的特征提供平移不变性,多层次结构也能扩展卷积核感受野以获得尺度不变性。然而,尽管池化采样操作同样能提供一定的旋转不变性,但是只能减弱网络对图像目标小幅度旋转的敏感程度,理论上并不具备严格的旋转不变性或同变性。可见,CNN 的抗旋转能力较弱。

然而,皮损目标没有主方向性且存在大量旋转是皮肤镜图像的重要特点之一,这会给 CNN 学习皮肤镜图像特征的过程带来不利的影响。性能优异的皮肤镜图像检索算法应该不受皮损目标角度变化的影响,能够输出稳定的检索结果。因此,本节针对 CNN 缺乏旋转不变性的问题进行研究,旨在通过改善 CNN 的抗旋转能力以提高深度哈希码的泛化能力。

目前,针对 CNN 旋转不变性或同变性的研究成果已有很多,其主要分为两类:基于旋转图像数据的方法和基于旋转卷积核的方法。本节简要介绍这两种方法。

1. 基于旋转图像数据的方法

旋转图像数据是一种简单的增强 CNN 抗旋转能力的方法。例如，对样本数据进行旋转扩充可以让网络在训练过程中学习不同角度的图像目标的特征，从而改善网络的抗旋转能力。但旋转扩充本质上是在增强训练数据集的多样性，并没有从根本上改进 CNN 网络结构的抗旋转能力。Laptev D. 等人[10] 提出了变换不变池化（transformation-invariant pooling，TI-Pooling）网络结构，如图 5-4 所示。这种方法将图像数据进行不同的变换，再分别送入到若干个并行的、权重共享的 CNN 中，并在第一层全连接层使用池化策略融合多个分支的输出，以学习特征的变换不变性。将该方法的图像变换集均取为旋转变换即可用来改善网络的旋转不变性，但是 TI-Pooling 结构将网络前面的整个卷积结构作为并行分支，计算量大。

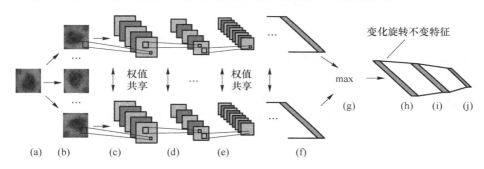

图 5-4 TI-Pooling 网络结构

2. 基于旋转卷积核的方法

基于旋转卷积核的方法则通常通过旋转卷积核来改变卷积层的基本结构，使其具有旋转不变性或旋转同变性。群等变卷积神经网络（group equivariant convolutional neural network，GCNN)[11] 是一种经典的基于旋转卷积核的方法，如图 5-5 所示。该网络的卷积层通过不同的旋转和翻转组合来重复变换卷积核，使得卷积层对输入旋转同变，以获得抗旋转能力。Zhou Y. 等人[12] 提出了一种利用有源旋转滤波器（active rotating filters，ARFs）对特征图的位置和方向信息进行显性编码的方向响应网络（oriented response network，ORN），在网络最后通过融合策略去除特征的方向信息，即可获得旋转不变性。旋转卷积核的方法虽然使得新的卷积层具有抗旋转能力，但由于卷积核通常较小，因此以 90°的非整数倍旋转卷积核会引入插值误差，导致性能不稳定，而且这类方法通常需要将 CNN 中传统的卷积层替换为新设计的卷积层，会改变原始网络结构，使用迁移学习等方法时，应用不方便。

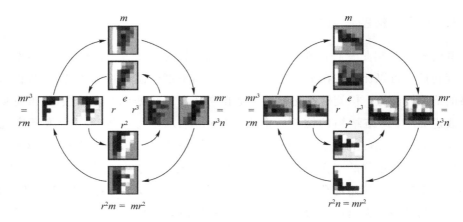

图中 e 为原始卷积核，r 为旋转操作，m 为翻转操作

图 5 - 5　GCNN 群卷积

5.2.2　旋转同变卷积模块

本节介绍一种旋转均值输出操作（rotation meanout，RM）操作，这种方法通过旋转 CNN 中的特征图来赋予网络抗旋转能力。与目前已有的抗旋转方法不同，RM 操作通过旋转特征图不仅能使网络结构具有严格的旋转不变性或同变性，而且易于嵌入任何基础网络中，不改变结构、不增加参数量。此外，由于特征图的尺寸比卷积核大得多，所以旋转特征图受插值误差影响较小，算法性能稳定性高。

1. 基本结构与原理

旋转均值输出操作的基本流程如图 5 - 6 所示，其中包含 4 个步骤：旋转扩充、特征提取、重新排列和特征融合。

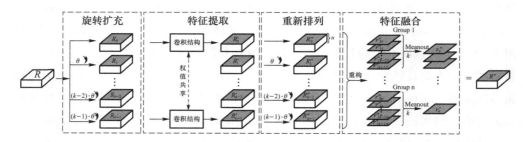

图 5 - 6　旋转均值输出操作流程图

每个步骤的具体细节如下：

（1）旋转扩充

将输入的特征图组 R 按角度 θ 等间隔旋转扩充,得到不同角度的特征图组 R_0, $R_1,\cdots,R_{k-1}$,共 k 组,其中 k 满足 $k\theta=2\pi$。旋转方式采用双线性插值法。

（2）特征提取

将旋转扩充阶段得到的 k 组特征图 $R_0,R_1,\cdots,R_{k-1}$ 依次输入到相同的、权值共享的卷积结构中,对其提取更深层次的特征,得到相应的 k 个具有不同角度特征信息的输出特征图组 $R_0',R_1',\cdots,R_{k-1}'$。由于对 k 个卷积结构分支均采用权值共享,在网络训练阶段只需要学习一个卷积结构的参数,所以该操作并不会增加基础网络的参数。

（3）重新排列

将特征提取阶段得到的 k 组特征图 $R_i',i=0,1,2,\cdots,k-1$,分别按角度 $(k-i)\theta$ 旋转,以保持 k 组特征图 $R_0',R_1',\cdots,R_{k-1}'$ 的每个特征点的空间位置相互对应,得到重新排列后的 k 组特征图 $R_0'',R_1'',\cdots,R_{k-1}''$。

（4）特征融合

对重新排列后的 k 组特征图 $R_0'',R_1'',\cdots,R_{k-1}''$ 在每个特征点进行特征融合,融合方式采用均值输出,即取 k 组特征图的均值,得到该卷积结构的最终输出特征图组 R''。输出特征图组的尺寸和原卷积结构相同,因此不会对基础网络结构造成改变。

2. 旋转同变性与旋转不变性理论推导

旋转同变性指的是当输入数据发生旋转时,输出数据也以相应的、可预测的方式变化,即 $f(tx)=t_f'(x)$,t 和 t' 为互相对应的某种变换方式。

通过理论推导可以证明,旋转均值输出操作能够起到使卷积结构具有严格的旋转同变性的作用。卷积神经网络在全连接层前通常会设有 GAP 操作,使得每个特征图变成一个特征点并丢失空间信息。基于 RM 操作的卷积结构与 GAP 层相连时,能够使得 GAP 层的输出对卷积结构的输入具有旋转不变性。

现对其旋转同变性与旋转不变性进行理论推导如下：

$$\mathrm{RM}(R)=p\left[f(R),r_\theta^{-1}f(r_\theta R),r_{2\theta}^{-1}f(r_{2\theta}R),\cdots,r_{(k-1)\theta}^{-1}f(r_{(k-1)\theta}R)\right] \tag{5.8}$$

旋转均值输出操作可由式（5.8）表示。式中,$RM(\cdot)$ 为旋转均值输出操作函数,$f(\cdot)$ 为一个卷积结构的运算函数,θ 为旋转角度间隔,$r_{i\theta}$ 为顺时针旋转 $i\theta$,$r_{i\theta}^{-1}$ 为逆时针旋转 $i\theta$ 度,$p[\cdot]$ 为均值运算,可表示为：

$$p_{\mathrm{mean}}(R_0,R_1,\cdots,R_{k-1})=\mathrm{mean}[R_0,R_1,\cdots,R_{k-1}] \tag{5.9}$$

令输入的一组特征图 R 顺时针旋转 θ 度,则可推导得：

$$\begin{aligned}\mathrm{RM}(r_\theta R)&=p\left[f(r_\theta R),r_\theta^{-1}f(r_{2\theta}R),r_{2\theta}^{-1}f(r_{3\theta}R),\cdots,r_{(k-1)\theta}^{-1}f(r_{k\theta}R)\right]\\&=r_\theta \cdot p\left[r_\theta^{-1}f(r_\theta R),r_{2\theta}^{-1}f(r_{2\theta}R),\cdots,r_{(k-1)\theta}^{-1}f(r_{(k-1)\theta}R),r_{k\theta}^{-1}f(r_{k\theta}R)\right]\end{aligned}$$

$$\tag{5.10}$$

由于 $k\theta=2\pi$，因此可得：

$$RM(r_\theta R)=r_\theta \cdot RM(R) \tag{5.11}$$

即当输入特征图旋转 θ 后，RM 结构最终输出的特征图也相应地旋转 θ。式(5.11)证明了该卷积结构具有旋转同变性。综上，可得 RM 结构的旋转同变性表达式为：

$$RM(r_{i\theta}R)=r_{i\theta} \cdot RM(R)，\quad i\in [0,k-1] \tag{5.12}$$

由于 GAP 层具有将二维特征图降采样为一个特征点的作用，丢失了特征的空间信息，因此，可推得当基于 RM 操作的卷积结构与 GAP 层相连时的旋转不变性，公式如下：

$$GAP(RM(r_{i\theta}R))=GAP(r_{i\theta} \cdot RM(R))=GAP(RM(R)) \tag{5.13}$$

式中，GAP($\cdot$)为全局均值运算。此时，GAP 层的输出对于卷积结构的输入具有旋转不变性。

3. 旋转均值输出操作的使用

旋转均值输出操作可以方便地应用在基础网络中的某个卷积结构上，不需要改变基础网络的结构。卷积结构可以是一个简单的卷积层，也可以是具有多个卷积层的卷积单元，如深度哈希残差网络 DH-ResNet-18 中的一个或多个残差块。网络训练时，不同角度分支的卷积结构采用权值共享策略，只需要学习一个卷积结构的参数即可，因而不会增加基础网络的参数量，而且采用权值共享策略可以使旋转均值输出操作赋予这部分卷积结构严格的旋转同变性。

此外，由于特征图为矩形，当旋转角度为 90°的非整数倍时，在四个角上会造成信息丢失。该方法采用在四周补零的方式来解决特征信息丢失的问题，即在旋转扩充阶段之前先将特征图适当扩大，扩大的特征点值为 0，确保旋转扩充后的特征图包含原特征图的所有信息；然后在特征融合阶段，对特征图按原卷积结构输出特征图的尺寸进行裁切，确保尺寸大小符合卷积结构后相连网络结构的输入要求。

旋转均值输出操作的具体使用方法如图 5-7 所示，将 RM 操作嵌入 CNN 中时可分为两种情况。

图 5-7(a)是松弛的 RM-GAP 结构，此时结合 RM 操作的卷积结构与 GAP 层之间隔有其他传统卷积结构，因而 GAP 层的输出值相对结合 RM 操作的卷积结构的输入特征图不具有旋转不变性，因此称为松弛的 RM-GAP 结构。图 5-7(b)是严格的 RM-GAP 结构，此时结合 RM 操作的卷积结构与 GAP 层相连，则 GAP 层的输出值相对结合 RM 操作的卷积结构的输入特征图具有严格的旋转不变性，因此称为严格的 RM-GAP 结构。严格的旋转不变性能够有效能够提升网络的抗旋转能力，松弛的 RM-GAP 结构虽然不具有严格的旋转不变性，但是 RM 操作本身赋予卷积结构的旋转同变性，仍然能够对网络的抗旋转能力起一定的改善作用。本节的实例分析部分将验证上述两种 RM-GAP 结构对网络性能的积极影响。

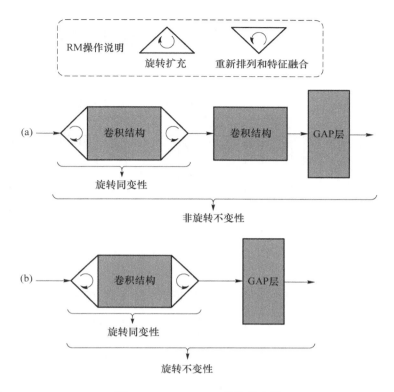

图5-7　RM-GAP结构示意图

5.2.3　旋转同变卷积深度哈希残差网络

1. 网络结构

本节介绍基于旋转均输出操作的深度哈希残差网络RMDH-ResNet-18,该网络将RM操作分别与DH-ResNet-18网络中的八个残差块中的若干个相结合,构成严格的RM-GAP结构和松弛的RM-GAP结构,如图5-8所示。图5-8(a)是RM操作与第五个残差块相结合,并与GAP层间隔有其他3个残差块,构成松弛的RM-GAP结构。图5-8(b)是RM操作与第5~8个残差块相结合,并与GAP层相连,构成严格的RM-GAP结构。该网络通过Hashing Layer层提取得到深度哈希码。

网络RMDH-ResNet-18中Hashing Layer的神经元个数为哈希码的位数m,最终任务层(FC Layer)的神经元个数为皮肤病类别数。在检索阶段与5.1.2节相同,使用符号函数sign,将连续的哈希编码二值化为1或-1。

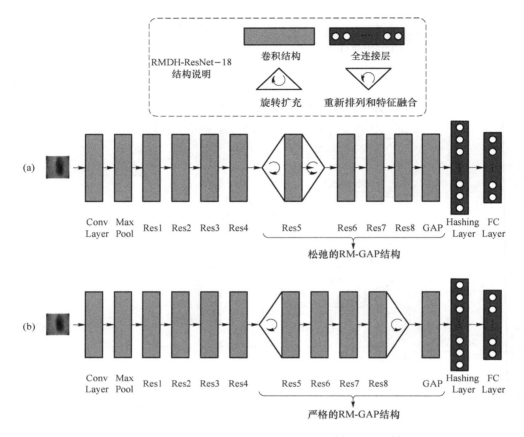

图 5 - 8　RMDH-ResNet - 18 网络结构图

2. 损失函数

由于嵌入旋转均值输出操作对基础网络 DH-ResNet - 18 的结构不会造成任何变化,并且 RMDH-ResNet - 18 的最终任务层仍为分类层,因此同样采用加权交叉熵损失函数来训练网络,公式即式(5.2)。

5.2.4　检索实例分析

实验评价指标与数据集均与 5.1.5 节相同,在训练集上训练网络 RMDH-ResNet - 18,旋转角度间隔设置为 90°,哈希编码位数设置为 16,并建立皮肤镜图像数据库。训练后的模型在测试集上进行检索,将精检索阶段中最相似的 10 幅皮肤镜图像作为最终的检索结果。

表 5.3 展示了分别加入松弛的 RM - GAP 结构与严格的 RM - GAP 结构的RMDH-ResNet - 18 相对于 DH-ResNet - 18 的对比结果。RM - Res5 代表图 5 - 8

(a)所示松弛的 RM‑GAP 结构，RM‑Res5_8 代表图 5‑8(b)所示严格的 RM‑GAP 结构，RM‑Res1_8 为 RM 操作与第 1～8 个残差块相结合的网络。可以看出，插入 RM 结构的网络取得了更高的 mAP@10 和 mRR@10，插入 RM 结构后网络计算量增加，导致 mT 有一定的升高，但整体检索结果得到了提升。同时，插入严格的 RM‑GAP 结构取得了最好的检索结果，证明了具有严格的旋转不变性的网络结构能够得到更优的深度哈希编码。

表 5.3　RMDH‑ResNet‑18 与 DH‑ResNet‑18 的对比结果——编码位数 16 位

方法	mAP@10/％	mRR@10/％	mT/s
DH-ResNet‑18	63.52	64.02	0.055
RM‑Res5	65.10	66.12	0.090
RM‑Res5_8	65.60	66.95	0.083
RM‑Res1_8	68.30	69.10	0.121

旋转均值输出操作从卷积结构方面提升网络的抗旋转能力。将 RM 操作与其他三种抗旋转方法进行对比，分别是图像数据旋转扩充法（rotation augmentation，RA）、GCNN 和 ORN。四种抗旋转方法均采用深度柯西哈希残差网络 DH-ResNet‑18 作为基础网络，并将 DH-ResNet‑18 作为基准进行对比，实验结果如表 5.4 所列。其中，RA‑ResNet‑18 为采用旋转扩充后的数据集训练网络的检索结果；GCNN‑ResNet‑18 为采用群等变卷积结构替换基础网络 DH-ResNet‑18 中不同位置的残差块所得出的最优结果，群等变卷积结构通过旋转卷积核使卷积结构具有严格的旋转同变性；ORN‑ResNet‑18 为采用方向响应卷积结构替换基础网络 DH-ResNet‑18 中不同位置的残差块所得出的最优结果，方向响应卷积结构通过旋转卷积核提取不同角度的特征信息并融合以提升网络抗旋转能力，但是不具有严格的旋转同变性。

表 5.4　与其他抗旋转卷积结构的检索性能对比——编码位数 16 位

方法	mAP@10/％	mRR@10/％	mT/s
DH-ResNet‑18	63.52	64.02	0.055
RA‑ResNet‑18	66.22	67.12	0.063
GCNN‑ResNet‑18	66.83	67.45	0.080
ORN‑ResNet‑18	66.11	67.23	0.084
RMDH-ResNet‑18(Res1_8)	68.30	69.10	0.121

四种抗旋转方法均对网络的抗旋转能力有一定的提升作用。RA 由于扩充了图像数据的多样性，使网络学习到了更多的图像信息，提升了准确率，但并未从根本上改善网络结构的抗旋转能力。GCNN 和 ORN 则分别获得了 66.83％和 66.11％的

准确率,说明 GCNN 使卷积结构具有严格的旋转同变性对网络抗旋转能力的提升更显著。而 RM 方法获得了最高 mAP@10 和 mRR@10,分别为 68.30％和 69.10％,这说明抗旋转深度哈希残差网络具有更好的抗旋转能力。此外,GCNN 和 ORN 两种方法均会用特殊的基于旋转卷积核的卷积结构(群等变卷积结构和方向响应卷积结构)替换传统卷积结构,会改变基础网络,使用不便。旋转均值输出操作则通过旋转特征图实现,对基础网络不造成改变,不增加参数量,易于嵌入网络中。在检索效率方面,RM 由于在第 1～8 个残差块上结合 RM 操作,增加了计算量,所以略低于 GCNN 和 ORN。

5.2.5　旋转同变卷积模块有效性验证

本小节为扩展内容,供读者参考。本节内容为上述方法补充实验,读者可选读。这一部分对 RM 操作进行实验验证,内容包括 RM 操作的结构验证(权值共享策略、均值输出融合策略、任意角度间隔)、RM 操作嵌入位置验证(严格 RM－GAP 结构和松弛 RM－GAP 结构)。使用的实验数据集与前一小节相同,评价指标使用 mAP@10 与 mT。

1. 权值共享策略的有效性验证

旋转均值输出操作通过多个权值共享的卷积结构分支学习输入特征图的不同角度特征信息,并采用均值输出操作融合各角度通道以赋予卷积结构旋转同变性。RM 操作中的权值共享策略使卷积结构在训练时只用学习一个分支的参数,不增加原基础网络的参数量,并且使 RM 操作能够具有旋转同变性。因此,需对 RM 操作的权值共享策略的有效性进行验证。本部分实验采用图 5－8(a)所示的网络结构,将 RM 操作和第 5 个残差块相结合,验证权值共享策略的有效性。本节实验均采用 16 位编码位数,并将 DH-ResNet－18 作为基准(baseline)进行对比,实验结果如表 5.5 所列。

表 5.5　RM 操作权值共享策略的有效性验证——编码位数 16 位

方法	mAP/％	mT/s
基准	63.52	0.055
无权值共享	63.43	0.075
权值共享	65.10	0.090

表 5.5 中,权值共享表示 RM 操作中的多个卷积结构分支共享参数,而无权值共享则表示每个卷积结构分支相互独立。由实验结果可以看出,采用无权值共享时,mAP@10 仅为 63.43％,相比基准下降了 0.09％。这是由于无权值共享的 RM 操作

并不具备旋转同变性,对网络的抗旋转能力无显著提升。采用权值共享时,mAP@10提高到了65.10%,比基准高了1.58%。此时,权值共享策略使得旋转均值输出操作赋予卷积结构严格的旋转同变性,有效改善了基础网络的抗旋转能力,这说明权值共享策略是有效的,而且采用权值共享不会增加基础网络的参数量,不改变原网络结构,显著降低计算复杂度。在检索效率方面,采用权值共享的平均检索时间略高于基准和无权值共享。一方面,这是因为结合RM操作的卷积结构虽然不会增加参数量,但是会增加计算量,导致检索时间的增加;另一方面,在粗检索阶段,采用权值共享的深度哈希码筛选得到的子类更大,包含了更多的相似图像,说明哈希码更为紧凑,网络的抗旋转能力得到了提升。

2. 均值输出融合策略的有效性验证

旋转均值输出操作通过均值输出融合策略,取各个权值共享的卷积结构分支的输出特征图在同一空间位置的平均值作为最终的输出值,不仅使输出特征图包含不同角度的特征信息,还使RM操作具有旋转同变性,可有效提升网络抗旋转能力。因此,本部分实验采用图5-8(a)所示的网络结构,将RM操作和第五个残差块相结合,验证RM操作的均值输出操作的有效性,实验结果如表5.6所列。

表5.6 RM操作特征融合策略的有效性验证——编码位数16位

融合策略	平均检索准确率/%	平均检索时间/s
基准	63.53	0.055
1×1卷积	64.21	0.078
最大值输出	64.22	0.077
均值输出	65.10	0.090

表5.6中,1×1卷积是指通过卷积核大小为1×1的卷积层对不同角度特征图进行卷积融合;最大值输出是指取不同角度特征图中对应位置的最大值作为该位置的输出值;均值输出则是将不同角度特征图中对应位置的平均值作为该位置的输出值。分析实验结果可知,三种特征融合策略均对基础网络的抗旋转能力有明显的提升作用。其中,和均值输出操作以及最大值输出操作不同;1×1卷积融合策略不能使RM操作具有严格的旋转同变性,因此此融合策略的提升效果欠佳,仅比基准提高了0.68%,而且1×1卷积层还会增加网络的参数量以及计算量。均值输出操作和最大值输出操作则能够使RM操作具有旋转同变性,其中,最大值输出操作的mAP@10为64.22%,而均值输出操作则取得了最高65.10%的检索准确率。这说明取各角度特征图的最大响应值作为最终输出值并不能很好地反映特征信息中的旋转不变性,各角度特征图的平均值能够有效地融合各角度特征图,提取其中的旋转不变信息,泛化能力更好。在检索效率方面,1×1卷积和最大值输出操作基本相同,而

均值输出操作则略低一些。由于这三种融合策略的计算量相当,所以在粗检索阶段,采用均值输出融合策略的深度哈希码筛选得到的子类更大,包含了更多的相似图像。这说明哈希码更为紧凑,旋转不变性得到了提升。

因此,旋转同变卷积模块选择均值输出操作作为融合策略。

3. 不同角度间隔 RM 操作的有效性验证

旋转均值输出操作通过均值输出操作融合多个角度的权值共享卷积结构分支所提取的特征图,来赋予卷积结构旋转同变性,改善网络的抗旋转能力。而学习不同角度特征图的角度越多,即各特征图间角度间隔越小,输出特征图包含的不变性信息越丰富,有利于提高网络的抗旋转能力。因此,本部分实验采用图 5-8(a)所示的网络结构,将 RM 操作和第五个残差块相结合,验证不同角度间隔的 RM 操作的有效性,实验结果如表 5.7 所列。

表 5.7 不同角度间隔 RM 操作的有效性验证——编码位数 16 位

间隔角度	平均检索准确率/%	平均检索时间/s
基准	63.53	0.055
90°	65.10	0.090
60°	67.11	0.087
45°	65.71	0.093

实验分别选择 90°、60°和 45°作为角°间隔。当旋转角°为 60°和 45°时,由于非 90°整数倍的图像旋转会造成四个角处的特征信息丢失,采用在旋转扩充阶段对输入特征图四周补零以及在特征融合阶段按原输出特征图大小进行裁切的方式来解决特征信息丢失的问题。

根据表 5.7 的实验结果,可得如下分析:

① 当角度间隔为 90°、60°和 45°时,检索准确率均有提升,并且至少有 1.57% 的提升幅度。这说明旋转均值操作在取不同角度作为旋转扩充的角度间隔时,均能显著地改善网络的抗旋转能力。

② 当取 60°和 45°作为旋转扩充的角度间隔时,检索准确率较 90°角度间隔均有所提升,并且 60°角度间隔的检索准确率达到了最高的 67.11%,比基准提高了 3.58%。这说明取较小的角度间隔时,权值共享的卷积结构分支的数量越多,对输入特征图能够学习的角度更多、信息更丰富,有利于 RM 操作获得更好的旋转同变性。然而,45°角度间隔的检索准确率低于 60°角度间隔。这是因为当角度间隔为 90°的非整数倍时,会引入插值误差,而角度间隔越小,越容易引入插值误差且卷积结构分支数量越多,这样会导致更多的插值误差,对最终的检索性能产生影响。在检索时间方面,虽然三种角度间隔的 mT 相差不大,但是随着角度间隔的减小,卷积结构分支会

越来越多,导致计算量显著增加,因而会在一定程度上降低检索效率。

4. 松弛 RM-GAP 结构的有效性验证

理论证明,旋转均值输出操作与卷积结构相结合能够赋予卷积结构具有输出和输入的旋转同变性,并且 RM 操作易于与基础网络中任何部分相结合,不会改变基础网络结构以及增加参数量。因此,本小结分别将 RM 操作与基础网络 DH-ResNet-18 中的八个残差块相结合,验证在网络中不同位置的卷积结构采用 RM 操作对于基础网络的抗旋转能力的提升效果,实验结果如表 5.8 所列。

表 5.8 松弛 RM-GAP 结构有效性验证——编码位数 16 位

方法	mAp@10/%	mT/s
基准	63.53	0.055
RM-Res1	64.30	0.127
RM-Res2	64.96	0.146
RM-Res3	64.40	0.113
RM-Res4	64.00	0.079
RM-Res5	65.10	0.090
RM-Res6	63.64	0.070
RM-Res7	63.32	0.076
RM-Res8	62.40	0.067

表 5.8 中,RM-Res$i$ 表示将 RM 操作与基础网络 DH-ResNet-18 中的第 i 个残差块相结合,除 RM-Res8 为严格的 RM-GAP 结构,其余均构成松弛的 RM-GAP 结构。

根据表 5.8 的实验结果,可作如下分析:

① 除 RM-Res7 和 RM-Res8 的检索准确率低于基准以外,其余位置所构成的松弛 RM-GAP 结构的检索准确率相比基准均有一定的提升,其中最高的是 RM-Res5,达到了 65.10%,相比基准提高了 1.57%。这说明虽然松弛 RM-GAP 结构不具备严格的旋转不变性,但是 RM 操作本身赋予卷积结构的旋转同变性仍能对网络起到改善抗旋转能力的作用,提升算法的鲁棒性。而采用松弛 RM-GAP 结构的检索效率则均低于基准。一方面,这是因为 RM 操作会增加一定的计算量;另一方面,这也说明采用 RM 操作后的算法在粗检索阶段所筛选的子类包含的图像更多,相似图像的哈希码更紧凑。因此,松弛 RM-GAP 结构影响 RMDH-ResNet-18 检索效率的原因主要有结合 RM 操作的卷积结构所增加的计算量和生成哈希码的紧凑性程度两个因素。

② 根据在不同位置的卷积结构采用 RM 操作的检索准确率和检索时间的变化

趋势,可以作出如下分析:检索准确率方面,将 RM 操作和网络中间的残差块相结合,和网络两端的残差块相结合相比,能够获得更高的检索准确率,且 RM-Res5 最高,达到了 65.10%。这说明对于层次较浅的卷积层,特征图所包含的信息层次较低级,不具有语义成分,并且和 GAP 层相隔较远,此时卷积结构的旋转同变性对网络整体抗旋转能力的提升较少。而对于层次较深的卷积层,不仅特征图的尺寸过小,丢失了精确的空间信息,而且其语义成分层次过深,失去了可学习的空间,虽然和 GAP 层相隔较近,如 RM-Res8 甚至为严格 RM-GAP 结构,但是检索准确率依然下降了,此时 RM 操作很难具有较好的有效性。相对而言,对于网络中间的卷积层,其特征图已学得适当的语义成分,并且具有足够的学习空间,而其尺寸大小以及和 GAP 层相隔的距离也较为合适,因此在中间位置的卷积结构结合 RM 操作能够获得较好的效果。检索时间方面,采用 RM 操作和基准相比均会在一定程度上降低检索效率,这是因为 RM 操作虽然不会增加网络的学习参数量,但是会增加计算量,导致检索时间的增加。通常网络中间的特征图尺寸大小和通道数均适中,不会导致计算量的大幅增长。

因此,就检索准确率和检索效率两方面来看,对于松弛 RM-GAP 结构,将网络中间的卷积结构与 RM 操作相结合对网络的抗旋转能力可以获得最优的提升效果。

5. 严格 RM-GAP 结构的有效性验证

当结合旋转均值输出操作的卷积结构和全局均值池化采样层相连时,能够获得旋转不变性。由于基础网络 DH-ResNet-18 中 GAP 层在第八个残差块 Res8 后,因此本小结对其构建严格的 RM-GAP 结构,验证 RM 操作与 GAP 层相连时,其旋转不变性对于基础网络抗旋转能力的提升效果,实验结果如表 5.9 所列。

表 5.9　严格 RM-GAP 结构有效性验证——编码位数 16 位

方法	mAP@10/%	mT/s
基准	63.53	0.055
RM-Res1_8	68.30	0.121
RM-Res3_8	67.42	0.119
RM-Res5_8	65.60	0.083
RM-Res7_8	65.91	0.069
RM-Res8	62.40	0.067

表 5.9 中,RM-Res$i$_8 表示将 RM 操作与基础网络 DH-ResNet-18 中的第 i 个残差块到第八个残差块的卷积结构相结合,即各严格的 RM-GAP 结构具有不同的起始位置,而末端均为第 8 个残差块 Res8。

根据表 5.9 中的实验结果,可作如下分析:

1) 在检索准确率方面,除 RM－Res8 以外,其余的严格 RM－GAP 结构均有提升,其中 RM－Res1_8 获得了最高的 mAP@10,达到了 68.30％,比基准提高了近 5 个百分点。这说明当 RM 操作和 GAP 层相连构成严格的旋转不变性结构时,该结构能够显著改善基础网络的抗旋转能力,并且检索准确率的提升幅度大于松弛的 RM－GAP 结构,取得了更好的抗旋转效果。在检索效率方面,严格 RM－GAP 结构的 mT 同样都低于基准。严格 RM－GAP 结构影响 RMDH-ResNet－18 检索效率的原因主要有结合 RM 操作的卷积结构所增加的计算量和生成哈希码的紧凑性程度两个因素。

2) 根据不同位置的严格 RM－GAP 结构的检索准确率和检索时间的变化趋势,可以作出如下分析:检索准确率方面,与松弛的 RM－GAP 结构的结果不同,严格 RM－GAP 结构在 RM－Res1_8 处获得了最佳的检索准确率。由于这些 RM－GAP 结构有相同的末端位置,但是不具有相同的起始位置,所以结合 RM 操作的卷积结构的复杂度并不相同,并且由于输入特征图的位置和尺寸不相同,特征图包含信息的层次、可供提升的空间也不相同。因此,严格 RM－GAP 结构的起始位置和结合 RM 操作的卷积结构的复杂性均会对网络的最终性能产生影响。在检索时间方面,严格 RM－GAP 结构的起始位置层次越深,mT 越低,则检索效率越高。这是由于结合 RM 操作的卷积结构的复杂性越低,RM 操作导致的计算量增加也就越小。

因此,采用严格 RM－GAP 结构的最优位置需要同时考虑卷积结构输入特征图的信息层次、尺寸大小以及卷积结构的复杂性。

5.3　基于柯西抗旋转损失的皮肤镜图像检索

皮损目标无主方向的特性导致皮肤镜图像中存在大量皮损目标旋转的情况,这对卷积神经网络的特征学习过程造成了影响。5.2 所介绍的旋转均值输出操作能够赋予卷积结构旋转同变性或旋转不变性,从结构上改善网络的抗旋转能力。而损失函数则能够约束卷积神经网络的学习方向,以适应特定的任务,是 CNN 学习能力的关键核心之一。本章从图像对损失出发,介绍了一种基于图像对的柯西抗旋转损失皮肤镜图像检索方法,包括网络结构和损失函数,并介绍融合了 5.2 节与 5.3 节方法的抗旋转方法,在实例分析部分进行不同方法的对比。

5.3.1　图像对损失函数

基于图像对损失(pairwise loss)的深度哈希网络是一种利用图像对的语义相似

性来提高哈希编码质量的算法,近年来受到了广泛的关注。与基于分类损失的深度哈希网络不同,基于图像对损失的深度哈希网络的最终任务层为哈希编码层,即直接通过图像对哈希码的差异性得到相应的损失来学习图像间的相似特征信息以提取深度哈希码,而非通过学习样本类别标签来学习特征信息,间接得到深度哈希码。常用的图像对损失函数主要包含相似性损失部分和量化损失部分。

相似性损失部分通常基于最大后验概率估计(maximum a posteriori,MAP),公式如下:

$$\ln P(S \mid H) = \sum_{i=1}^{N} \sum_{j=1}^{N} \ln P(s_{ij} \mid \bm{h}_i, \bm{h}_j) \tag{5.14}$$

式中,N 为训练集样本数据量,$\bm{h}_i$ 和 $\bm{h}_j$ 为输入图像对的哈希码,s_{ij} 表示第 i 张图像和第 j 张图像是否相似,若相似则 $s_{ij}=1$,否则 $s_{ij}=0$。当 $s_{ij}=1$ 时,输入图像对的哈希码 $\bm{h}_i, \bm{h}_j$ 越相似、越紧凑,则 $P(s_{ij} \mid \bm{h}_i, \bm{h}_j)$ 越大;而当 $s_{ij}=0$ 时,输入图像对的哈希码 $\bm{h}_i, \bm{h}_j$ 越不相似、越疏远,则 $P(s_{ij} \mid \bm{h}_i, \bm{h}_j)$ 越大。因此,相似性损失可使生成的哈希码保留图像间的相似性,起到类内紧密、类间疏远的作用。

但是,得到最终的哈希码需要将网络输出的连续值进行离散量化,若仅考虑相似性损失,则在哈希码离散量化的过程中会存在大量特征信息丢失,影响检索质量。因此,图像对损失包含了量化损失部分,它可以使网络的输出值更接近离散值,起到哈希码离散量化过程中降低特征信息损失的作用。

综上,基于图像对的深度哈希网络通过特定的损失函数学习相似图像对的相似性信息和不相似图像对的差异性信息,使相似图像经网络的输出值也相似,而不相似图像经网络的输出值则疏远,并且使输出值接近离散值来避免离散量化过程丢失过多的特征信息,最终得到类内紧密、类间远离的深度哈希码。

5.3.2 柯西抗旋转损失函数

1. 深度柯西哈希损失函数

深度柯西哈希(deep cauchy hashing,DCH)损失函数是一种基于图像对的哈希损失函数。它的主要思想是基于柯西分布(cauchy distribution)概率函数定义了图像对损失函数,其中包括相似性损失和量化损失两部分。图 5-9 为柯西分布概率函数 $P(x)=1/(x^2+1)$ 的曲线图。可以看到,在 $x \geqslant 0$ 时,随 x 的增加其概率值 P 下降得非常迅速。因此,DCH 损失函数对汉明距离大于给定汉明半径阈值的相似图像对具有显著的惩罚作用,该特性有利于相似图像的哈希码更紧凑,而不相似图像的哈希码更疏远。

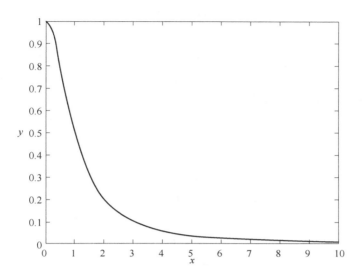

图 5 - 9　柯西分布概率函数

DCH 损失函数是基于图像对哈希码的对数最大后验估计推导得到的,即:

$$\ln P(H \mid S) = \ln P(S \mid H) P(H)$$

$$= \sum_{i=1}^{N} \sum_{j=1}^{N} \omega_{ij} \ln P(s_{ij} \mid \boldsymbol{h}_i, \boldsymbol{h}_j) + \sum_{i=1}^{N} \ln P(\boldsymbol{h}_i) \tag{5.15}$$

式中,n 为训练集样本数,$p(\cdot)$ 为概率,$\boldsymbol{H}$ 为哈希码矩阵,$\boldsymbol{h}_i$ 表示第 i 张图像的哈希码,$\boldsymbol{S}$ 为相似性矩阵,大小为 $N \times N$,s_{ij} 表示第 i 张图像和第 j 张图像是否相似,可由图像样本标签得到,公式为

$$s_{ij} = \begin{cases} 1, & l_i = l_j \\ 0, & l_i \neq l_j \end{cases} \tag{5.16}$$

l_i 表示第 i 张图像的标签,ω_{ij} 为权重,可由下式得到:

$$\omega_{ij} = \begin{cases} |S| / |S_1|, & s_{ij} = 1 \\ |S| / |S_0|, & s_{ij} = 0 \end{cases} \tag{5.17}$$

其目的是对相似图像和不相似图像的损失起到均衡作用,减轻两类数据量不均衡对网络训练带来的影响。

而对于每一对图像对而言,$P(s_{ij} \mid \boldsymbol{h}_i, \boldsymbol{h}_j)$ 均可以被定义为伯努利分布(bernoulli distribution),如下式:

$$P(s_{ij} \mid \boldsymbol{h}_i, \boldsymbol{h}_j) = \begin{cases} \sigma(d(\boldsymbol{h}_i, \boldsymbol{h}_j)), & s_{ij} = 1 \\ 1 - \sigma(d(\boldsymbol{h}_i, \boldsymbol{h}_j)), & s_{ij} = 0 \end{cases}$$

$$= \sigma(d_1(\boldsymbol{h}_i, \boldsymbol{h}_j))^{s_{ij}} (1 - \sigma(d_1(\boldsymbol{h}_i, \boldsymbol{h}_j)))^{1 - s_{ij}} \tag{5.18}$$

式中,$d_1(\boldsymbol{h}_i, \boldsymbol{h}_j)$ 为哈希码 $\boldsymbol{h}_i$ 和 $\boldsymbol{h}_j$ 的汉明空间距离,$\sigma(\cdot)$ 为概率函数。

$$\sigma(d_1(\boldsymbol{h}_i, \boldsymbol{h}_j)) = \frac{\gamma_1}{d_1(\boldsymbol{h}_i, \boldsymbol{h}_j) + \gamma_1} \tag{5.19}$$

式(5.19)为基于柯西分布概率函数定义的概率函数，γ_1 为尺度因子。当图像对间哈希码的汉明距离 $d_1(\boldsymbol{h}_i,\boldsymbol{h}_j)$ 较小时，该概率函数会随着 $d_1(\boldsymbol{h}_i,\boldsymbol{h}_j)$ 的增加而迅速降低，从而将相似图像的哈希码限制在较小的汉明空间半径内。并且，若输入相似图像对 $s_{ij}=1$，则概率函数 $P(s_{ij}\mid\boldsymbol{h}_i,\boldsymbol{h}_j)$ 随着哈希码的汉明距离 d_1 降低而升高，即汉明距离越小概率函数越大；若输入非相似图像对 $s_{ij}=0$，则概率函数 $P(s_{ij}\mid\boldsymbol{h}_i,\boldsymbol{h}_j)$ 随着哈希码的汉明距离 d_1 升高而升高，即汉明距离越大概率函数也越大。由此可见，将该概率函数转化为最小问题即可作为网络的损失函数，实现学习哈希码的任务。

而 $P(\boldsymbol{h}_i)$ 可表示量化损失部分，降低网络输出值在离散量化过程中的特征信息丢失。基于柯西分布概率函数的量化损失如下式所示：

$$P(\boldsymbol{h}_i)=\frac{\gamma_2}{d_2(\mid\boldsymbol{h}_i\mid,1)+\gamma_2} \tag{5.20}$$

式中，γ_2 为尺度因子，$d_2(\cdot,\cdot)$ 为规范化欧式距离，如式(5.21)所示，其中 m 为哈希码位数。

$$d_2(\boldsymbol{h}_i,\boldsymbol{h}_j)=\frac{m}{4}\left\|\frac{\boldsymbol{h}_i}{\|\boldsymbol{h}_i\|}-\frac{\boldsymbol{h}_j}{\|\boldsymbol{h}_j\|}\right\|_2^2=\frac{m}{2}(1-\cos(\boldsymbol{h}_i,\boldsymbol{h}_j)) \tag{5.21}$$

将式(5.18)和式(5.20)代入式(5.15)可推导得最小化优化目标函数，即：

$$\text{Loss}=L+\lambda Q$$
$$=\sum_{i=1}^{N}\sum_{j=1}^{N}\omega_{ij}\left(s_{ij}\ln\frac{d_1(\boldsymbol{h}_i,\boldsymbol{h}_j)}{\gamma_1}+\ln\left(\frac{\gamma_1}{d_1(\boldsymbol{h}_i,\boldsymbol{h}_j)}+1\right)\right)+\lambda\sum_{i=1}^{N}\ln\left(\frac{d_2(\mid\boldsymbol{h}_i\mid,1)}{\gamma_2}+1\right)$$
$$\tag{5.22}$$

式(5.22)即为深度柯西哈希损失函数。式中，第一项 L 为图像对的相似性损失部分，第二项 Q 为哈希码的量化损失部分，λ 为超参数，起到控制相似性损失项 L 和量化损失项 Q 相对比例的作用。

2. 柯西抗旋转损失函数

卷积神经网络的旋转不变性是至关重要的技术研究之一。除了从卷积结构上对抗旋转能力进行研究，还可以通过设计旋转不变损失函数来改善网络模型的抗旋转能力。而损失函数是卷积神经网络中的关键核心之一，它通过计算网络模型的实际输出值和期望值之间的差异来约束网络模型按特定的任务进行学习。因此，在损失函数中加入旋转不变项，则可使网络在训练过程中不断学习、优化不同角度图像目标的特征不变性，最终赋予网络一定的旋转不变性。

本节介绍基于 DCH 损失函数提出柯西抗旋转(cauchy anti-rotation，CAR)损失函数，它在 DCH 损失函数中加入了旋转不变项，使其具有约束网络学习图像目标旋转不变性的能力，不仅能有效学习图像间的相似性信息，还能学习图像的旋转不变信息，提升深度哈希码的鲁棒性。

CAR 损失函数的关键部分是旋转不变损失项 Ar，Ar 基于柯西分布概率函数定义。首先，网络的输入数据为图像对以及其对应的不同角度的图像。因此，训练时需要先对输入图像进行等角度间隔的旋转扩充，即按角度间隔 θ 旋转输入图像，得到 k 个不同角度的样本目标，其满足 $k\theta = 2\pi$。根据同一样本不同角度的输出计算得到旋转不变损失项 Ar，同样基于柯西分布概率函数定义旋转不变损失项 Ar，如下：

$$Ar = \sum_{i=1}^{N} \frac{1}{k} \sum_{j=1}^{k} \ln\left(\frac{d_3(\boldsymbol{h}_{ij}, \overline{\boldsymbol{h}_i})}{\gamma} + 1\right) \tag{5.23}$$

式中，N 为样本数据量，k 为 $\dfrac{2\pi}{\theta}$，γ_3 为尺度因子，$\overline{\boldsymbol{h}_i}$ 为第 i 个样本不同角度的输出连续哈希码的均值，$d_3(\boldsymbol{h}_{ij}, \overline{\boldsymbol{h}_i})$ 为距离函数，定义如下：

$$d_3(\boldsymbol{h}_{ij}, \overline{\boldsymbol{h}_i}) = \left| \boldsymbol{h}_{ij} - \overline{\boldsymbol{h}_i} \right| = \left| \boldsymbol{h}_{ij} - \frac{1}{k}\sum_{j=1}^{k} \boldsymbol{h}_{ij} \right| \tag{5.24}$$

因此，将式（5.23）加入式（5.22），即可得到 CAR 损失函数如下：

$$\text{Loss} = L + \lambda Q + \varphi Ar = \sum_{i=1}^{N}\sum_{j=1}^{N} \omega_{ij}\left(s_{ij}\ln\frac{d_1(\boldsymbol{h}_i, \boldsymbol{h}_j)}{\gamma_1} + \ln\left(\frac{\gamma_1}{d_1(\boldsymbol{h}_i, \boldsymbol{h}_j)} + 1\right)\right)$$
$$+ \lambda\sum_{i=1}^{N}\ln\left(\frac{d_2(|\boldsymbol{h}_i|, 1)}{\gamma_2} + 1\right) + \varphi\sum_{i=1}^{N}\frac{1}{k}\sum_{j=1}^{k}\ln\left(\frac{d_3(\boldsymbol{h}_{ij}, \overline{\boldsymbol{h}_i})}{\gamma_3} + 1\right) \tag{5.25}$$

式中，第一项 L 为图像对的相似性损失部分；第二项 Q 为哈希码的量化损失部分；第三项 Ar 为哈希码的旋转不变损失部分；λ 和 φ 为超参数，起到控制相似性损失项 L、量化损失项 Q 和旋转不变损失项 Ar 相对比例的作用。

5.3.3　柯西抗旋转深度哈希残差网络

1. CAR - ResNet - 18 网络结构

皮损目标无主方向的特性导致皮肤镜图像中存在大量皮损目标旋转的情况，这对卷积神经网络的特征学习过程造成了影响。针对上述问题，可构建基于图像对的柯西抗旋转深度哈希残差网络 CAR - ResNet - 18 并使用柯西抗旋转损失函数训练网络模型，从而提高卷积神经网络的旋转不变性，得到可分性更强的深度哈希编码。CAR - ResNet - 18 网络结构如图 5 - 10 所示，网络的输入数据为皮肤镜图像对，并对图像进行旋转扩充；网络结构采用两个孪生卷积神经网络，其结构均为去掉 FC 层的 DH-ResNet - 18，两个分支采用权值共享策略。网络的最终任务层为 Hashing Layer。哈希编码层之后同样采用 Sigmoid 激活函数将神经元的输出值限制在范围 $(0,1)$ 中，之后采用 sign 函数实现离散量化。

2. ARDH-ResNet - 18 网络结构

此外，还可以基于 RM 操作与 CAR 损失函数设计抗旋转深度哈希网络 ARDH-

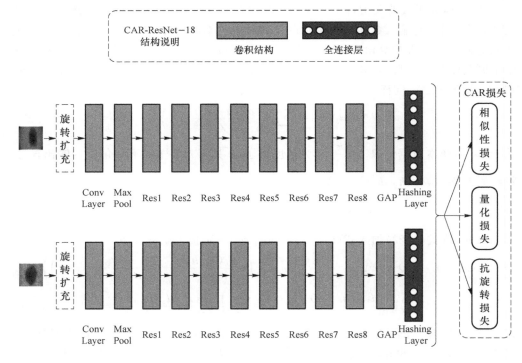

图 5 - 10 CAR - ResNet - 18 网络结构图

ResNet - 18,从网络结构和损失函数两方面改善网络的抗旋转能力,优化深度哈希码的旋转不变性。

抗旋转深度哈希网络 ARDH-ResNet - 18 的具体结构如图 5 - 11 所示。基于深度哈希残差网络 DH-ResNet - 18 将 RM 操作分别与其中 8 个残差块中的若干个相结合,构成严格的 RM - GAP 结构和松弛的 RM - GAP 结构,并采用基于图像对的柯西抗旋转损失函数,网络的最终任务层为哈希编码层,神经元个数即为哈希编码位数。图 5 - 11(a)是 RM 操作与第 5 个残差块相结合,并与 GAP 层间隔有其他 3 个残差块,构成松弛的 RM - GAP 结构;图 5 - 11(b)是 RM 操作与第 5～8 个残差块相结合,并与 GAP 层相连,构成严格的 RM - GAP 结构。

采用 CAR 损失函数时,网络的输入数据应为皮肤镜图像对,并且需旋转扩充得到不同角度的图像。网络的最终任务层为 Hashing Layer,神经元个数为哈希码位数 m。通过离散量化哈希编码层的连续输出值即可得到深度哈希码,结合从粗到精的分段式的检索方法实现皮肤镜图像的检索。

3. 损失函数

采用式(5.25)所示的 CAR 损失函数来训练 CAR - ResNet - 18 和 ARDH-ResNet - 18。其中,CAR 损失函数的旋转扩充角度间隔为 90°,超参数 λ 和 φ 分别取

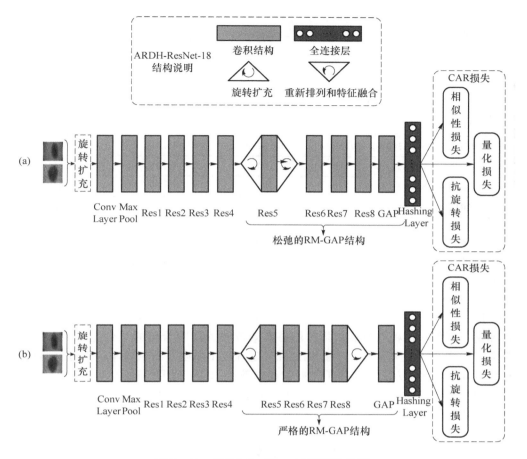

图 5-11 ARDH-ResNet-18 网络结构图

0.5 和 0.1,尺度因子 γ_1,γ_2 和 γ_3 分别取 2,0.5 和 0.5,最后得到的损失函数公式如下:

$$\text{Loss} = L + \lambda Q + \varphi Ar = \sum_{i=1}^{N}\sum_{j=1}^{N}\omega_{ij}\left(s_{ij}\ln\frac{d_1(\boldsymbol{h}_i,\boldsymbol{h}_j)}{2} + \ln\left(\frac{2}{d_1(\boldsymbol{h}_i,\boldsymbol{h}_j)}+1\right)\right)$$
$$+ 0.5\sum_{i=1}^{N}\ln\left(\frac{d_2(|\boldsymbol{h}_i|,1)}{0.5}+1\right) + 0.1\sum_{i=1}^{N}\frac{1}{4}\sum_{j=1}^{4}\ln\left(\frac{d_3(\boldsymbol{h}_{ij},\overline{\boldsymbol{h}_i})}{0.5}+1\right)$$

(5.26)

5.3.4 检索实例分析

实验评价指标与数据集均与 5.1.5 节相同,在训练集上训练网络 CAR-ResNet-18 和 ARDH-ResNet-18,旋转角度间隔设置为 90°,哈希编码位数设置为 16,并建立皮肤镜图像数据库。训练后的模型在测试集上进行检索,将精检索阶段中最相似的 10 幅皮肤镜图像作为最终的检索结果。本部分实验对 5.1 节、5.2 节和 5.3 节介绍的方法进行对比,分别取插入松弛 RM-GAP 与严格 RM-GAP 的较优结果进行展示。

表 5.10   不同皮肤镜图像检索方法对比——编码位数 16 位

方法	mAP@10/%	mRR@10/%	mT/s
DH-ResNet-18	63.52	64.02	0.055
RMDH-ResNet-18(Res5)	65.10	66.12	0.090
RMDH-ResNet-18(Res1-8)	68.30	69.21	0.121
CAR-ResNet-18	71.20	71.23	0.064
ARDH-ResNet-18(Res5)	71.61	72.25	0.093
ARDH-ResNet-18(Res5-8)	71.68	72.55	0.088

根据表 5.10 的实验结果,可作出如下分析:

CAR-ResNet-18 相比于 DH-ResNet-18 检索得到了显著性的提升。此外,在 Res5-8 处卷积结构采用 RM 操作的抗旋转深度哈希网络 ARDH-ResNet-18 取得了最高的 mAP@10 和 mRR@10,分别为 71.68% 和 72.55%,较深度哈希残差网络 DH-ResNet-18 分别提高了 8.16% 和 8.53%。这说明同时采用旋转均值输出操作和基于图像对的柯西抗旋转损失能够有效改善深度哈希码的泛化能力。但是,由于 RM 操作会增加网络的计算量,因此在一定程度上影响了检索效率。不过这两种算法结合分段式检索方法也获得了较好的检索效率,其中 ARDH-ResNet-18(Res5-8) 的平均检索时间为 0.088 s。因此,综合三项性能指标,ARDH-ResNet-18(Res5-8) 具有最优的检索性能。

5.3.5   柯西抗旋转损失函数消融实验

本节内容为 5.3 节方法的补充实验,为扩展内容,供读者参考。CAR 损失函数共包含三个损失项,分别是图像对的相似性损失项、哈希码的量化损失和旋转不变损失项。本部分实验对 CAR 损失函数进行消融实验,使用的实验数据集与前一小节相同,评价指标使用 mAP@10 与 mT。将 DH-ResNet-18 最终分类层去除并基于 CAR 损失函数进行训练,编码位数采用 16 位,实验结果如表 5.11 所列。

表 5.11   CAR 损失函数消融实验——编码位数 16 位

方法	mAP@10/%	mT/s
CAR-L	20.41	0.385
CAR-Q	66.78	0.109
CAR-Ar	65.72	0.069
CAR	71.20	0.064

表 5.11 中,CAR－Q 表示将采用不包含量化损失项 Q 的 CAR 损失函数,CAR－L 表示采用不包含相似性损失项 L 的 CAR 损失函数,CAR－Ar 表示采用不包含旋转不变损失项 Ar 的 CAR 损失函数(DCH 损失函数),CAR 则表示采用完整的 CAR 损失函数。

根据表 5.11 的实验结果,可作出如下分析:

① CAR 损失函数获得了最高的检索准确率 71.20% 以及最快的检索时间 0.064 s。这说明 CAR 损失函数中的 3 个损失项都对网络学习深度哈希码的过程有关键的约束作用,缺少一个损失项都会影响哈希码的检索性能。

② 未采用相似性损失项的 CAR－L 的检索准确率仅有 20.41%,而且平均检索时间高达 0.385 s。这说明网络没有学习相似图像间的相似性信息和非相似图像间的特异性信息,因此无论图像是否相似,均得到了相似的深度哈希码,导致检索准确率很低,并且在粗检索阶段无法有效缩小检索空间,导致平均检索时间接近遍历检索。因此,相似性损失项对于 CAR 损失函数的作用至关重要,能够使网络有效学习图像的相似特征信息,使哈希码类内紧密、类间远离。

未采用量化损失项的 CAR－Q 的检索准确率为 66.78%,低于 CAR 损失函数的准确率 4.42%。这说明失去了量化损失项的约束,网络的输出值与离散值差异较大,从而在离散量化过程中损失过多特征信息,影响了哈希码的准确性,而且 CAR－Q 的平均检索时间达到了 0.109 s,远高于 CAR。这说明丢失过多特征信息,导致哈希码在粗检索阶段无法有效筛选出相似图像,得到的子类包含了过多的图像。因此,量化损失项能够有效降低网络输出值的离散量化损失,优化最终的深度哈希码。

未采用旋转不变损失项的 CAR－Ar(深度柯西哈希 DCH)的 mAP@10 低于 CAR 损失函数,mT 高于 CAR 损失函数。这说明旋转不变损失项能够有效提高网络学习图像目标的旋转不变性,以得到抗旋转能力更优的深度哈希码。

5.4 基于注意力机制的皮肤镜图像检索

注意力机制使神经网络可以关注到输入数据中重要的部分,其中空间注意力机制取得了很大的成功,在卷积神经网络中的应用十分广泛。空间注意力机制的本质是一系列的注意力分配系数,即一系列权重参数。这些参数用来强调或选择目标对象在空间位置上的重要信息,并抑制一些无关的信息。如第 4 章介绍的,其在分类方法中能够提高皮肤镜分类网络的分类准确率,同样可以应用于皮肤镜检索任务。本节介绍一种基于注意力机制的皮肤镜图像检索方法,并在实例分析部分对不同注意力方法进行可视化对比。

5.4.1　混合空洞卷积空间注意力模块

皮肤镜图像特点为异类相似度高,同类多样性广,形态特征复杂。深度网络对皮肤镜图像深层语义信息的特征学习能力受到限制。关注皮肤镜图像的显著区域,避免背景噪声的影响,可以提高网络的特征学习能力。

下面介绍一种新型的空间注意力结构,它能够同时提取特征图的细节和全局信息。该注意力模块使用三个通道提取特征信息,结构如图 5 - 12 所示。CBAM 中的空间注意力部分仅仅采用去全局最大池化和全局平均池化,并得到两种特征图进行连接(concate),导致了信息的损失。针对该问题,该注意力在此基础上增加了一个通道,用三个卷积核大小为 3×3 的空洞卷积提取更多的空间显著信息。在特征图大小相同的情况下,空洞卷积可以得到更大的感受野,同时相比于标准卷积结构节省了参数量和计算量。

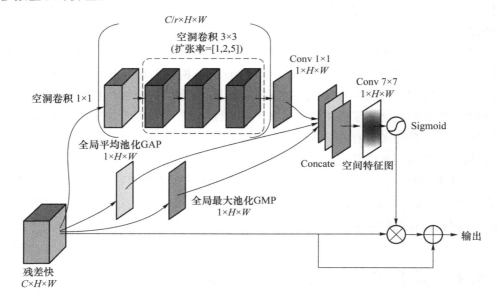

图 5 - 12　混合空洞卷积空间注意力

瓶颈注意力模型(bottleneck attention module,BAM)使用了相同扩张率的两个空洞卷积。相同扩张率的空洞卷积进行叠加,会损失空间特征的连续性,卷积核得到的皮肤镜图像信息可能是紊乱甚至错误的。同时,大的扩张率只能关注到远距离的信息。针对以上问题,其参考混合空洞卷积(hybrid dilated convolution,HDC)方法设计了三个扩张率分别为 1,2 和 5 的卷积。小扩张率的卷积结构关心距离尺度较小的信息,大的扩张率则关心距离尺度较大的信息。在一开始用标准卷积保留了完整的 3×3 的区域,之后的卷积则提取更远距离的信息。

综上，混合空洞卷积空间注意力模块（hybrid dilated convolution spacial attention，HDCSA）被定义为：

$$M_s = \sigma(f^{7\times7}([GAP(F); GMP(F); HDCSA(F)]))$$

$$= \sigma(f^{7\times7}([F_{Avg}; F_{Max}; F_{HDCSA}])) \tag{5.27}$$

$$HDCSA(F_r) = f^{1\times1}(f^{3\times3}_{rate=5}(f^{3\times3}_{rate=2}(f^{3\times3}_{rate=1}(f^{1\times1}(F))))) \tag{5.28}$$

式中，GAP(·)表示全局平均池化操作，GMP(·)表示最大池化操作，σ代表Sigmoid激活函数，$f^{n\times n}$代表卷积核大小为$n\times n$的卷积操作。

在 HDCSA 分支中，特征图$F \in R^{C\times H\times W}$（$R$空间大小为$C\times H\times W$，通道数为$C$，高为$H$，宽为$W$）被大小为$1\times1$的卷积核投影到一个降维的空间$R^{C/r\times H\times W}$中，以压缩通道数，缩减倍数$r$设置为16，再经过扩张率分别为1，2，5的三个空洞卷积后，再次经1×1大小的卷积核得到一个二维的注意力系数图。

之后，该图再与另外两个通道分别经过池化操作的二维特征堆叠起来，经过一个7×7大小的标准卷积，得到空间注意力图，该图大小为$1\times H\times W$；最后经过 Sigmoid 激活函数，将注意力系数输出值限制在范围(0,1)中。

5.4.2　空间注意力深度哈希残差网络

1. 网络结构

可以将该注意力模块插入至 DH-ResNet - 18 的每个残差块中，构建空间注意力深度残差网络 HDCSA - ResNet - 18，其网络结构同样如图 5 - 2 所示，但与其不同的是，每个卷积结构中均插入 HDCSA 模块，如图 5 - 13 所示。HDCSA 注意力模块在残差结构中位于两个大小为3×3的卷积核之后，能有效提取不同尺度下的皮肤镜图像特征。

2. 损失函数

插入注意力机制的网络结构同 DH-ResNet - 18，最终任务层仍为分类层。因此，同样采用加权交叉熵损失函数来训练网络，公式同式(5.2)。

5.4.3　检索实例分析

实验评价指标与数据集均与 5.1.5 节相同，在训练集上训练网络 HDCSA - ResNet - 18，哈希编码位数为16，并建立皮肤镜图像数据库。训练后的模型在测试集上进行检索，将精检索阶段中最相似的 10 幅皮肤镜图像作为最终的检索结果。本节对比了四种常用于卷积神经网络的注意力机制，包括 SENet、CBAM、BAM、CA 方法，将注意力模块均嵌入到 DH-ResNet - 18 的每个残差块中。

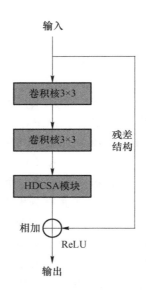

图 5 - 13　插入 HDCSA 注意力模块的残差结构

表 5.12 中的结果显示,混合空洞卷积空间注意力结构相比于其他方法取得了更好的检索准确率,其在皮肤镜图像数据集上比表现较好的 CA 平均检索准确率提高了 1.1%,比 DH-ResNet18 提高了 2.1%。同时可以发现 SENet 让原来的网络检索准确率降低,表明通道注意力模块在皮肤镜检索的任务中,不能有效地帮助网络学习到更优质的哈希编码,网络可能学到了错误的信息。该实验表明,提取的三通道空间注意力图,能够使网络关注更多的空间信息,其中全局平均池化和全局最大池化更关注全局信息。设计的混合空洞卷积结构关注不同尺度上的信息,避免了有效信息的损失。

表 5.12　与其他注意力机制对比——编码位数 16 位

方法	mAP@10/%	mRR@10/%	mT/s
DH-ResNet18	63.52	64.02	0.055 1
SENet - ResNet - 18	61.15	61.15	0.061 2
BAM - ResNet - 18	63.60	63.75	0.066 1
CBAM - ResNet - 18	64.46	64.71	0.064 7
CA - ResNet - 18	64.51	65.34	0.063 4
HDCSA - ResNet - 18	65.56	65.77	0.065 7

为说明注意力机制在获取感兴趣区域的作用,使用 Grad - CAM[21] 的方法生成可视化热力图(类激活图)。可视化使用基础网络 DH-ResNet - 18 最后一个卷积输出计算得来。从图 5 - 14 中可以清楚地看到,混合空洞卷积空间注意力机制方法好

于其他的方法。其他方法多关注皮损目标的边缘区域,而 HDCSA 能够将注意同时集中于皮损的边缘与中心区域。在自然场景图像中,边缘信息是很重要的分类依据。但在皮肤镜图像中,一些肿瘤类皮肤病通常都具有较为清晰的边缘,皮损目标内部的颜色及形态特征是区分皮肤病更重要的分类依据。因此,混合空洞卷积空间注意力机制通过捕获皮损内部感兴趣区域的信息来提高哈希码的可分辨性,以此区别于其他注意力,该方法更适用于皮肤镜图像检索任务。

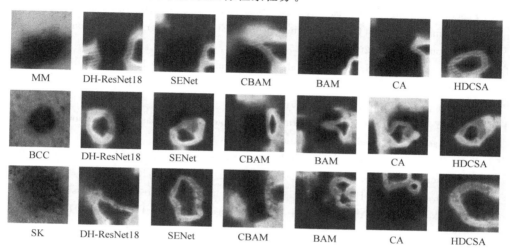

图 5-14 不同注意力机制的热力图

本章小结

皮肤镜图像检索技术是皮肤病计算机辅助诊断系统研究中的重要研究方向之一,可为皮肤科医生的临床诊断提供有效的辅助手段。本章介绍了基于卷积神经网络的深度哈希编码皮肤镜图像检索算法,主要包括深度哈希残差网络、旋转同变卷积模块、柯西抗旋转损失函数、混合空洞卷积空间注意力模块。对不同方法,本章均提供了丰富的实例分析,验证了各方法的有效性。

根据目前对皮肤镜图像检索技术的研究结果,基于卷积神经网络的深度哈希编码检索算法相比于传统基于低层人工特征的检索算法在实际表现上具有显著的优势,但是,依然还有很大的提升空间,距离临床应用标准有一定的距离。高质量的皮肤镜图像数据集标注成本较高,不同种类皮肤病患病率差异大,均导致皮肤镜图像数据量较少,使网络无法获得足够的泛化信息,从而影响检索性能。因此,笔者做出以下展望:未来,学者们可针对皮肤镜图像数据问题,从生成式对抗网络(generative adversarial networks,GAN)、元学习等方向进行进一步探索研究。

本章主要参考文献

［1］ 谢凤英，宋雪冬，姜志国. 一种基于端到端深度哈希的皮肤镜图像检索方法：201910062340. X［P］. 2019 - 06 - 11.

［2］ Pandey A，Mishra A，Verma V K，et al. Stacked Adversarial Network for Zero - shot Sketch Based Image Retrieval［C］//Proceedings of the IEEE/CVF Winter Conference on Applications of Computer Vision. 2020：2540 - 2549.

［3］ Lin K，Yang H F，Hsiao J H，et al. Deep Learning of Binary Hash Codes for Fast Image Retrieval ［C］//2015 IEEE Conference on Computer Vision and Pattern Recognition Workshops (CVPRW). IEEE，2015：27 - 35.

［4］ Zhang Y，Xie F，Song X，et al. Dermoscopic Image Retrieval Based on Rotation - invariance Deep Hashing［J］. Medical Image Analysis，2021，77：102301.

［5］ Sohn K，Lee H. Learning Invariant Representations with Local Transformations ［C］// 25th International Conference on Machine Learning (ICML). ACM，2012：1339 - 1346.

［6］ Khotanzad A，Lu J H. Classification of Invariant Image Representations Using A Neural Network［J］. IEEE Transactions on Acoustics Speech and Signal Processing，1990，38(6)：1028 - 1038.

［7］ Lowe D. Distinctive Image Features from Scale - InvariantKeypoints［J］. International Journal of Computer Vision，2004，60(2)：91 - 110.

［8］ Kanazawa A，Sharma A，Jacobs D. Locally Scale - Invariant Convolutional Neural Networks ［J］. arXiv preprint arXiv:1412. 5104，2014.

［9］ Zhang X，Xie Y，Chen J，et al. Rotation Invariant Local Binary Convolution Neural Networks ［C］//2017 IEEE International Conference on Computer Vision Workshop (ICCVW). IEEE，2017：1210 - 1219.

［10］ Laptev D，Savinov N，Buhmann J M，et al. TI - POOLING：Transformation - invariant Pooling for Feature Learning in Convolutional Neural Networks［C］//2016 IEEE Conference on Computer Vision and Pattern Recognition (CVPR). IEEE，2016：289 - 297.

［11］ Cohen T S，Welling M. Group Equivariant Convolutional Networks［C］//33rd International Conference on Machine Learning (ICML). PMLR，2016：2990 - 2999.

［12］ Zhou Y，Ye Q，Qiu Q，et al. Oriented Response Networks［C］//2017 IEEE Conference on Computer Visionand Pattern Recognition (CVPR). IEEE，2017：4961 - 4970.

［13］ Lenc K，Vedaldi A. Understanding Image Representations by Measuring Their Equivariance and Equivalence［C］//2015 IEEE Conference on Computer Vision and Pattern Recognition (CVPR). IEEE，2015：991 - 999.

［14］ Schmidt U，Roth S. Learning Rotation - aware Features：From Invariant Priors to Equivariant Descriptors ［C］//2012IEEE Conference on Computer Vision and Pattern Recognition (CVPR). IEEE，2012：2050 - 2057.

[15] 谢凤英，宋雪冬，刘洁. 一种基于旋转均值操作的皮肤镜图像分类方法：202010433217.7 [P]. 2020-08-31.

[16] Cao Y, Long M, Liu B, et al. Deep Cauchy Hashing for Hamming Space Retrieval[C]// 2018 IEEE Conference on Computer Vision and Pattern Recognition (CVPR). IEEE, 2018: 1129-1137.

[17] Cheng G, Han J, Zhou P, et al. Learning Rotation-Invariant and Fisher Discriminative Convolutional Neural Networks for Object Detection[J]. IEEE Transactions on Image Processing, 2018, 28:265-278.

[18] Yuan Y, Qin W, Ibragimov B, et al. RIIS-DenseNet: Rotation-Invariant and Image Similarity Constrained Densely Connected Convolutional Network for Polyp Detection[C]// International Conference on Medical Image Computing and Computer Assisted Intervention (MICCAI). Springer, 2018:620-628.

[19] Park J, Woo S, Lee J Y, et al. Bam: Bottleneck Attention Module[J]. arXiv preprint arXiv:1807.06514, 2018.

[20] Wang P, Chen P, Yuan Y, et al. Understanding Convolution for Semantic Segmentation [C]//2018 IEEE Winter Conference on Applications of Computer Vision (WACV). IEEE. 2018: 1451-1460.

[21] Selvaraju R R, Cogswell M, Das A, et al. Grad-cam: Visual Explanations from Deep Networks via Gradient-based Localization[C]// 2017 IEEE Conference on Computer Vision and Pattern Recognition (CVPR). IEEE, 2017: 618-626.

[22] Datar M, Immorlica N, Indyk P, et al. Locality-sensitive Hashing Scheme Based on P-stable distributions[C]//20th Annual Symposium on Computational Geometry. ACM, 2004: 253-262.

[23] Liu W, Wang J, Ji R, et al. Supervised Hashing with Kernels[C]//2012 IEEE Conference on Computer Vision and Pattern Recognition (CVPR). IEEE, 2012: 2074-2081.

[24] Luo X, Wu D, Chen C, et al. A Survey on Deep Hashing Methods[J]. ACM Transactions on Knowledge Discovery from Data (TKDD), 2020.

[25] Wang J, Kumar S, Chang S F. Semi-supervised Hashing for Large-scale Search[J]. IEEE Transactions on PatternAnalysis and Machine Intelligence, 2012, 34(12): 2393-2406.

[26] 宋雪冬. 基于卷积神经网络的皮肤镜图像检索算法研究[D]. 北京:北京航空航天大学宇航学院, 2020.

[27] 张漪澜. 基于哈希编码的皮肤镜图像检索算法研究[D]. 北京:北京航空航天大学宇航学院，2021.